Mohamed Kamal Ahmed Ali
Fawzy M.H. Ezzat
S.W. Sharshir

Efeito dos contaminantes no desempenho tribológico dos óleos de motor

Mohamed Kamal Ahmed Ali
Fawzy M.H. Ezzat
S.W. Sharshir

Efeito dos contaminantes no desempenho tribológico dos óleos de motor

ScienciaScripts

Cover image: www.ingimage.com

This book is a translation from the original published under ISBN 978-3-659-76393-9.

Publisher:
Sciencia Scripts
is a trademark of
Dodo Books Indian Ocean Ltd. and OmniScriptum S.R.L publishing group

120 High Road, East Finchley, London, N2 9ED, United Kingdom
Str. Armeneasca 28/1, office 1, Chisinau MD-2012, Republic of Moldova, Europe
Managing Directors: Ieva Konstantinova, Victoria Ursu
info@omniscriptum.com

Printed at: see last page
ISBN: 978-620-8-52004-5

ÍNDICE

Sobre o autor

Mohamed Kamal Ahmed Ali (M. K. A. Ali)

Eng.m.kamal@mu.edu.eg

Mohamed Kamal Ahmed Ali obteve a sua licenciatura em Engenharia Automóvel com distinção e com um grau de honra na Universidade de Minia, Egito, em 2009. Obteve o grau de Mestre em Engenharia Mecânica (Tribologia) pela mesma Universidade em 2013. É professor no Departamento de Engenharia Automóvel e de Tractores da Faculdade de Engenharia da Universidade de Minia, no Egito. Atualmente, está a realizar estudos de doutoramento na Escola de Engenharia Automóvel, Universidade de Tecnologia de Wuhan, China. Os seus interesses de investigação centram-se na NanoTribologia em Motores, Desempenho de Motores, Tecnologias de Controlo de Emissões e Economia de Combustível em Automóveis.

Agradecimentos

Gostaria de louvar ALLAH por me ter ajudado a concluir este trabalho. Além disso, os meus profundos agradecimentos são extensivos a todos os que me deram apoio para terminar este livro;

Ao Prof. Dr. Fawzy M.H. Ezzat pelo seu grande interesse, orientação inspiradora, sugestões úteis e por proporcionar o ambiente ideal.

A todos os que deram a mão na Faculdade de Engenharia da Universidade de Minia, especialmente ao pessoal do Departamento de Engenharia Automóvel e de Tractores.

Por último, gostaria de agradecer aos meus pais, à minha mulher e a outros membros da família por todo o apoio que me deram para terminar este livro e gostaria de o dedicar ao meu filho (ADAM) por me ter dado uma razão muito importante para continuar a ser feliz.

Estou muito grata a todos vós por me terem dado tudo

Mohamed Kamal Ahmed Ali

Nomenclatura

Symbol	Definition	Unit
P	Power losses	watt
ppm	Contaminants concentrations	10^{-6} gm/cm^3
μ_{avg}	Average boundary friction coefficient	
V_{avg}	Average reciprocating velocity	m/s
Favg	Average friction force	N
W	Normal load	N
V_{max}	Maximum reciprocating speed	m/s
R	Apparatus crank shaft radius	m
L_{rod}	Apparatus connecting rod length	m
S	Apparatus reciprocating stroke length	m
N	Apparatus revolution per minute	r.p.m
λ	Ratio (R/L_{rod})	
VH	Vickers hardness number	
ω	Angular velocity of the crank	rad/s

Prefácio

A qualidade do lubrificante do motor desempenha um papel vital na redução do consumo de combustível através da redução efectiva do atrito entre as superfícies de contacto das peças do motor (conjunto de anéis do pistão, chumaceiras e comando de válvulas). As partículas contaminantes de tamanho superior ao das películas dinâmicas de óleo lubrificante que separam as superfícies dos componentes em movimento causam uma grande parte do desgaste do motor.

Este livro apresenta o estudo do efeito da presença de contaminantes sólidos nos óleos de motor durante o contacto superficial, que têm um impacto negativo no desempenho do motor e aumentam o consumo de combustível. Este estudo revelou que o lubrificante estava contaminado por partículas de Fe, Cu, Al, Pb e SiO_2. Os ensaios tribológicos foram realizados utilizando velocidades médias de deslizamento de 0,63, 0,85 e 1,1 m s^{-1} e uma carga de contacto de 120 N para imitar o regime de lubrificação limite do movimento recíproco de deslizamento da interface anel do pistão/camisa num motor. A presença de contaminantes sólidos nos óleos de motor conduz a um aumento do coeficiente de atrito, do desgaste e das perdas de potência por atrito, aumentando, consequentemente, a rugosidade das superfícies. A fim de minimizar o efeito dos contaminantes sólidos, é necessário melhorar a precisão da filtragem dos óleos lubrificantes.

Na preparação deste livro, contámos com o apoio da Faculdade de Engenharia da Universidade de Minia, Egito. Os agradecimentos são extensivos a todo o pessoal do departamento de Engenharia Automóvel pelas suas úteis contribuições. Agradecemos a Sophie Campbell, Editora de Aquisição, e ao pessoal da LAP LAMBERT Academic Publishing pela sua ajuda e cooperação.

CAPÍTULO 1

REVISÃO DA LITERATURA

1.1 Processo de lubrificação de fronteira

A lubrificação limite é definida como uma condição de lubrificação em que o atrito entre duas superfícies em movimento relativo é determinado pelas propriedades das superfícies e pelas propriedades do lubrificante, para além da viscosidade. Na lubrificação limite, o coeficiente cinético de atrito pode variar entre 0,03 e 1,00, com o desgaste a ocorrer devido ao contacto sólido-sólido durante o deslizamento. Espera-se que a lubrificação limite ocorra durante o arranque, paragem e períodos de funcionamento intenso. Muitas falhas de sistemas de deslizamento são causadas por inadequações durante a lubrificação limite [1].

A lubrificação de fronteira ocorre normalmente sob condições de carga elevada e baixa velocidade em rolamentos, engrenagens, interface de came e tucho, anéis de pistão, interface de revestimento, bombas e transmissões, etc. [2]. A condição de lubrificação é frequentemente subdividida em domínios de fronteira, mistos e hidrodinâmicos, de acordo com a curva de Stribeck, Fig. (1.1), que também mostra os regimes de lubrificação em que vários componentes do motor funcionam normalmente. A Fig. (1.1) indica a relação entre o coeficiente de atrito e um termo que consiste na viscosidade do óleo a uma dada temperatura de funcionamento, multiplicada pela diferença relativa de velocidade entre as duas superfícies, dividida pela carga que uma superfície exerce sobre a outra [3].

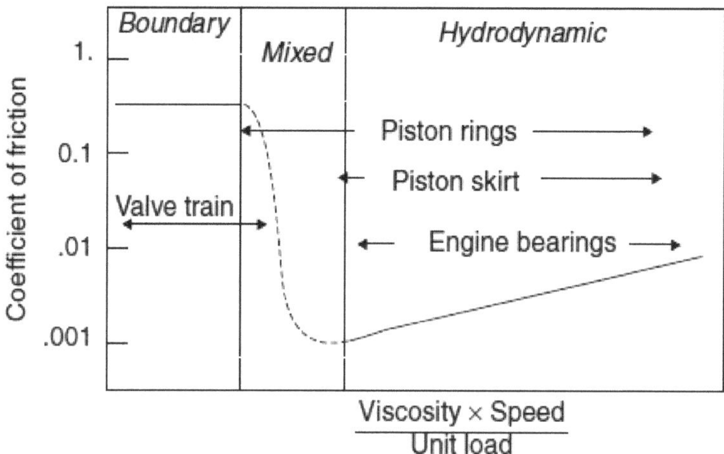

Fig. 1.1: Diagrama de Stribeck, incluindo as regiões de funcionamento de vários componentes do motor [3].

1.2 Atrito e coeficiente de atrito

O atrito é a resistência ao movimento sentida quando um corpo se desloca sobre outro. Devido às dificuldades encontradas na prática, o atrito tem sido explorado desde Leonardo da Vinci. Mais tarde, duas das conhecidas leis do atrito de deslizamento (dinâmico) introduzidas por Amontons, nomeadamente

- A força de atrito é diretamente proporcional à carga aplicada.
- A força de atrito é independente da área aparente de contacto.

Leonardo da Vinci introduziu também o conceito de coeficiente de atrito (μ) como a relação entre a força de atrito (F) e a carga normal (N)

$$\mu = F / N$$

O coeficiente de atrito estático é normalmente maior do que o dinâmico, mas também pode ser igual ao coeficiente de atrito dinâmico. Coulomb que completou as leis do atrito com a terceira lei:

- O atrito dinâmico é independente da velocidade de deslizamento.

Estas leis empíricas provaram ser válidas em determinadas condições para muitos mas não para todos os pares de materiais. Embora as leis acima mencionadas sejam geralmente designadas por leis de atrito, na realidade foram obtidas empiricamente utilizando dados de atrito dinâmico.

1.3 Lubrificação do anel e da saia do pistão

1.3.1 Fornecimento de petróleo

O óleo é necessário na interface entre o anel do pistão e o revestimento para proporcionar uma lubrificação hidrodinâmica ou mista, a fim de reduzir o atrito e evitar a gripagem. Para além do aspeto lubrificante, o óleo actua como um transportador de calor que transporta o calor do pistão e da interface entre o anel e o revestimento. O óleo é ainda necessário na ranhura do anel. O óleo é fornecido ao pistão e ao anel do pistão a partir do cárter, direta ou indiretamente.

O método de alimentação de óleo depende normalmente do tamanho do motor e da quantidade de óleo necessária. Os motores mais pequenos e de alta velocidade utilizam a lubrificação por salpicos, uma vez que a quantidade de óleo fornecida desta forma é normalmente suficiente. Os motores maiores que necessitam de uma maior quantidade de óleo precisam que o óleo seja fornecido até ao pistão. Uma solução para o fornecimento de óleo ao pistão é que o óleo seja alimentado da cambota para as chumaceiras principais e depois para a biela e o pistão [4].

1.3.2 Mecanismos de transporte de óleo

Os mecanismos de transporte de óleo foram estudados por uma técnica bidimensional de fluorescência induzida por laser. O sistema permite estudar a distribuição do óleo nas superfícies do pistão e entre os anéis e o revestimento. A acumulação de óleo na terra da coroa foi investigada por Thirouard e colaboradores [4]. A acumulação de óleo foi muito provavelmente causada pela raspagem da mola superior. Foram observados dois mecanismos de fluxo de óleo no segundo terreno: fluxo de óleo por inércia na direção axial e óleo arrastado pelo fluxo de gás na direção circunferencial. A raspagem do óleo do anel superior foi observada a velocidades do motor superiores a 1600 r/min. Devido ao aumento da pressão do gás, verificou-se que o pistão se inclinava para o lado do impulso. A inclinação do pistão e a torção do anel fizeram com que o canto superior do anel começasse a raspar óleo da parede do revestimento, uma vez que não havia pressão hidrodinâmica a suportar as forças radiais. O óleo raspado foi transportado para o terreno da coroa. Foi também observado um segundo mecanismo de transporte de óleo para a terra da coroa; o óleo fluía para a terra da coroa sempre que o óleo estava presente na segunda terra [4].

Thirouard e colaboradores [4] observaram ainda que existiam três mecanismos possíveis de transporte de petróleo para a segunda terra:

(1) O óleo pode ser raspado para a segunda terra no anel superior com raspagem descendente (curso descendente) ou com raspagem ascendente no segundo anel (curso ascendente). Com um perfil cónico no segundo anel, a raspagem ascendente é impossível.

(2) O óleo pode fluir através das duas ranhuras superiores do anel. O óleo flui para a ranhura do anel e é bombeado para fora dela como resultado do movimento radial do anel na ranhura.

(3) O óleo pode ser transportado através das aberturas do conjunto de anéis pelos gases, que fluem em direção ou a partir da câmara de combustão.

1.3.3Qualidade do óleo e modificadores de fricção

O óleo degrada-se devido à idade e a contaminações. Os aditivos do óleo de base desintegram-se e as partículas de combustão, como a fuligem e as partículas de desgaste, contaminam o óleo. Na área do conjunto de anéis, isto ocorre especialmente nas regiões do anel e da terra. A degradação é particularmente causada por altas temperaturas e gases de blow-by.

Um lubrificante é composto por óleo de base e aditivos. Os aditivos variam consoante o ambiente operacional para o qual o óleo foi concebido. Os aditivos mais comuns são os redutores de fricção de limite, os modificadores do índice de viscosidade e os aditivos anti-desgaste, como o dialquilditiofosfato de zinco (ZDDP). O dialquiltiocarbamato de molibdénio (MoDTC) é um aditivo do óleo de base que reduz a fricção limite num contacto de superfície. Os óleos de motor com e sem aditivos redutores de atrito foram investigados por Glidewell e Korcek, que concluíram que o atrito em condições de inundação total com MoDTC é inferior ao dos óleos não modificados por atrito. Em condições de inanição, o atrito com o óleo modificado com MoDTC pode diminuir até se tornar igual ao dos óleos não modificados por atrito. Com a idade, o efeito de redução do atrito do MoDTC parece degradar-se [5].

1.4 Atrito dos anéis do pistão contra a camisa do cilindro

1.4.1 Fundamentos do atrito do anel

O contacto de deslizamento entre um anel de pistão e uma camisa de cilindro acolhe uma variedade de diferentes mecanismos de fricção durante um ciclo de trabalho do motor. Devido às variações de carga, velocidade e efeitos de contra-superfície,

As condições de lubrificação num contacto anel/camisa são fortemente transitórias, o que se reflecte em variações no comportamento de atrito e desgaste. O atrito do anel é determinado pela carga do anel, pelas propriedades da superfície e pelas condições de lubrificação, determinadas pela velocidade de deslizamento e pela viscosidade e disponibilidade do óleo. A carga do anel inclui a pré-tensão do anel e as forças de gás que actuam na parte de trás do anel. As experiências realizadas por Takiguchi e colaboradores [6] com pistões de dois e três anéis mostraram que o número de anéis influencia o comportamento de atrito do conjunto de anéis, mas que a tensão total dos anéis do pistão no conjunto de anéis determina finalmente as perdas por atrito.

Em termos do diagrama de Stribeck comummente utilizado, as condições de lubrificação num contacto anel/camisa experimentam movimentos fortes e rápidos no eixo horizontal do diagrama [7]. Como um breve resumo dos mecanismos de atrito activos num contacto anel/camisa, o mecanismo de atrito ativo na vizinhança dos pontos mortos do movimento do pistão é uma combinação de lubrificação limite ou mista com um efeito adicional de compressão da película lubrificante nos pontos mortos, enquanto o mecanismo de atrito ativo no meio do movimento do pistão é a lubrificação hidrodinâmica [8]. A força de atrito máxima, que ocorre sob condições de lubrificação mista na vizinhança do ponto morto superior (T.D.C), diminuiu com o aumento da viscosidade do óleo. Enquanto que a pressão de fricção, que é fortemente afetada pelas condições de lubrificação hidrodinâmica entre as localizações do ponto morto superior (T.D.C) e do ponto morto inferior (B.D.C), aumentou com o aumento da viscosidade do óleo lubrificante [9]. A formulação do óleo afecta fortemente a formação de camadas limite nas superfícies de contacto. Os aditivos anti-desgaste como o dialquilditiofosfato de zinco (ZDDP), os modificadores de fricção como o dialquiltiocarbamato de molibdénio (MoDTC) e os aditivos de Ca que podem formar camadas resistentes ao desgaste de carbonato de cálcio (CaCO3) controlam fortemente as condições de fricção limite. Estudos recentes de vários autores mostraram que, em particular, os compostos de organomolibdénio e o ditiofosfato de molibdénio reduzem fortemente o coeficiente de atrito em condições de deslizamento com lubrificação de fronteira [9]. A disponibilidade de óleo, em termos de condições de lubrificação insuficiente ou totalmente inundada, determinará o mecanismo de atrito exato nos pontos mortos e o efeito da lubrificação elasto-hidrodinâmica entre os pontos mortos do movimento do pistão. Para além do fornecimento de óleo, o mecanismo de atrito momentâneo depende da carga, da velocidade, da viscosidade real do lubrificante e da geometria do contacto de deslizamento. Em condições de carência de óleo lubrificante, o ferro fundido cinzento proporciona uma certa redução das forças de atrito, pelo efeito de lubrificação da fase grafite e pelo reservatório de óleo proporcionado pela fase grafite do material [10,11].

1.4.2Simulação de fricção

Sui e Ariga [12] investigaram os efeitos da topografia da superfície do anel no atrito da interface anel/camisa. Desenvolveram um modelo de atrito anel-forro, que se baseia no conceito de lubrificação mista. Os resultados da simulação foram verificados num banco de ensaios de revestimento móvel. O modelo de lubrificação foi alargado para estudos sobre o atrito ring-pack em condições de motor de combustão. Os resultados obtidos nestes ensaios indicam que é possível reduzir até 9 % a perda por atrito alterando o padrão da superfície. A redução do atrito resulta num aumento da espessura da película de óleo, o que também reduz o atrito junto aos pontos mortos. Além disso, o atrito do anel de óleo parece ser mais sensível às variações da rugosidade da superfície.

Um modelo para a previsão do atrito do motor foi apresentado por Taylor [13]. Os resultados incluem simulações para condições de aquecimento total e condições de arranque a frio, em que o atrito total do motor é investigado. De acordo com os resultados, o atrito total do motor imediatamente após um arranque a frio é quatro a cinco vezes maior do que em condições de aquecimento total.

1.4.3Força de atrito e coeficientes de atrito medidos

Arcoumanis e co-autores [14] construíram um dispositivo de teste alternativo para estudos de lubrificação com uma força normal que varia com a carga aplicada e a posição da amostra do anel do pistão durante o curso e a velocidade da cambota. As curvas de atrito medidas com a instalação mostram valores de pico logo após as posições T.D.C. e B.D.C. do anel do pistão, forças de atrito mais elevadas com velocidades mais elevadas e forças de atrito mais elevadas mas coeficientes de atrito mais baixos com velocidades mais elevadas.   coeficientes de atrito mais baixos com cargas mais elevadas.

Durga e colaboradores [15] registaram valores de pico do coeficiente de atrito nas localizações T.D.C. e B.D.C. na gama (0,10 a 0,15) e valores a meio do curso na gama (0,05 a 0,10). Os respectivos valores dependem do lubrificante atual, da qualidade da superfície e do material da superfície.

Hamatake e colaboradores [9] mostraram que, ao estudar o efeito da recirculação dos gases de escape (EGR), se registou um aumento do desgaste dos anéis do pistão e do coeficiente de atrito, especialmente sem filtragem da fuligem.

1.5 O desgaste dos anéis de pistão e das camisas de cilindro

O desgaste dos anéis de pistão e das camisas de cilindro pode ser acelerado pelo desgaste abrasivo de três corpos causado por partículas abrasivas menores no óleo lubrificante. As partículas contaminantes que causam o desgaste abrasivo de três corpos podem ter origem no cárter de óleo ou na câmara de combustão. Ezzat. F. M. e colaboradores [16] descreveram um trabalho experimental para estudar o efeito de algumas condições de funcionamento do motor no desgaste da camisa do cilindro e dos anéis do pistão. Chegaram à seguinte conclusão:

1. A temperatura de saída da água de arrefecimento tem um efeito significativo na taxa de desgaste da camisa do cilindro e dos anéis do pistão.

2. A diluição do óleo lubrificante com água ou combustível tem um efeito prejudicial no desgaste das camisas dos cilindros e dos anéis dos pistões. Verificou-se que o efeito é mais grave no caso da diluição do óleo lubrificante por combustível do que por água.

3. Verificou-se que o anel do meio do pistão apresentava as melhores condições de lubrificação, o que levou a uma menor quantidade de desgaste. Por outro lado, as maiores perdas por desgaste foram observadas no anel superior do pistão.

4. Observou-se que o desgaste da camisa do cilindro era mais elevado perto do ponto morto superior, diminuía para um valor mais baixo perto do meio do curso e era mais elevado na direção do lado do impulso do que na direção normal.

Com um modelo de desgaste de transição, Coy investigou o desgaste do anel superior relacionado com a distância do T.D.C. De acordo com este modelo, a taxa de desgaste está no seu máximo no T.D.C. e diminui à medida que o pistão se move para baixo. Quando o pistão se aproxima do B.D.C., a taxa de desgaste aumenta novamente. As áreas de maior taxa de desgaste correspondem às áreas onde ocorre a lubrificação mista e possivelmente até a lubrificação de limite [17]. O desgaste da camisa do cilindro é causado em grande parte pela ação dos anéis do pistão. As observações práticas e as análises teóricas estão bem correlacionadas em termos do desgaste mais acentuado das camisas de cilindros que ocorre na proximidade do ponto de inversão superior do anel superior do pistão, onde as condições térmicas, químicas, erosivas e abrasivas são mais severas. Um elevado teor de enxofre no combustível pode aumentar drasticamente a proporção de desgaste triboquímico da camisa, especialmente a baixas temperaturas da superfície do cilindro. O elevado desgaste da camisa do cilindro está, além disso, associado ao ponto de inversão superior do segundo anel do pistão e, em menor grau, aos pontos de inversão inferiores dos anéis do pistão. Os depósitos de carbono acima do conjunto de anéis no pistão podem aumentar significativamente o desgaste da camisa do cilindro na região T.D.C. [18].

1.6 Contaminações no óleo

1.6.1 Aspectos do intervalo de troca de óleo

A razão para as mudanças de óleo do motor é o facto de o óleo se degradar em termos de viscosidade e oxidação, e de as contaminações sólidas ou líquidas se misturarem ou dissolverem no óleo. A presença de contaminações no óleo do motor é geralmente indesejável, uma vez que as partículas sólidas de contaminação podem causar desgaste abrasivo e as contaminações líquidas podem causar ataques corrosivos, desgaste triboquímico e alterações de viscosidade. O polimento indesejado das camisas dos cilindros dos motores diesel durante o funcionamento, normalmente designado por polimento do furo, pode ocorrer se estiverem presentes espécies corrosivas e pequenas partículas abrasivas no óleo lubrificante [19]. Os contaminantes no óleo do motor acumulam-se ao longo do tempo. Esta desvantagem é normalmente mantida através da substituição do óleo contaminado por um novo lote. Investigações recentes efectuadas por Bijwe e colaboradores [20] determinaram a necessidade de drenar o óleo do cárter em intervalos definidos. Os intervalos de mudança de óleo podem basear-se nas horas de funcionamento, especialmente no caso de motores mais pequenos, ou no estado do óleo, conforme determinado por análises de amostras de óleo ou pela resposta de um sensor de partículas [21]. No circuito ou depósito de óleo. Ao estabelecer um programa de análise de óleo, o local e a hora para a recolha de amostras de óleo de motor usado devem ser cuidadosamente considerados, uma vez que tal pode ter uma forte influência no grau de representatividade da amostra em relação ao estado do motor. Nos motores com cárter húmido, deve ser introduzido um ponto de amostragem especial entre a bomba de óleo e o filtro de óleo. Nos motores do cárter seco, a linha de retorno pode ser utilizada para a recolha de amostras, desde que a pressão seja suficiente para permitir a recolha de amostras, ou pode ser utilizada uma bomba de vácuo para auxiliar a recolha de amostras [22]. Neste contexto, deve ser dada especial atenção ao facto de o óleo nos anéis do pistão estar muito mais contaminado do que o óleo no cárter do motor ou no reservatório de óleo [23].

Para além dos produtos de oxidação do óleo e dos contaminantes externos que limitam a vida útil de um óleo de motor, as alterações de viscosidade e o esgotamento dos aditivos [5] são as razões para as mudanças de óleo. O sistema de aditivos, poderoso para reduzir o atrito, pode ser consumido pela oxidação, pois sabe-se que eles contribuem para as propriedades antioxidantes do óleo lubrificante [24]. Uma recente adição às análises para avaliar a vida útil remanescente do óleo do motor encontra-se nas análises voltamétricas RULER™ (Remaining Useful Life Evaluation Routine), através das quais as concentrações remanescentes de dialquilditiofosfato de zinco e antioxidantes fenol/amínicos podem ser facilmente monitorizadas [25].

1.6.2 Partículas sólidas de contaminação

O efeito prejudicial das partículas sólidas no óleo do motor é particularmente evidente nos materiais mais macios, como as saias dos pistões e as chumaceiras dos moentes, e nos contactos altamente carregados, como o contacto came-folha. O óleo do cárter que está contaminado por partículas abrasivas leva ao desgaste da saia do pistão abaixo dos anéis do pistão, o que é indicado por uma aparência mate da superfície abaixo dos anéis, particularmente nos lados de impulso da saia do pistão. Os anéis do pistão sofrem efetivamente de desgaste abrasivo, se estiverem presentes partículas de tamanho suficiente em concentrações relevantes no óleo do motor. O polimento do furo é outro efeito indesejável das pequenas partículas abrasivas no óleo lubrificante, enquanto as partículas maiores podem causar riscos no furo [26]. A origem das partículas de contaminação pode ser fuligem proveniente da combustão, poeira ingerida sob a forma de poeira de sílica e minerais semelhantes, e partículas de desgaste constituídas por ligas ferrosas, cobre, chumbo, crómio, alumínio, estanho e níquel [27]. Durante o período de rodagem de um motor, há uma maior probabilidade de partículas de desgaste maiores do que durante o funcionamento estacionário do motor [28]. A utilização de filtros de óleo com uma taxa de retenção nominal adequada é uma ferramenta eficaz para suprimir a concentração de partículas no óleo do motor [29]. Verificou-se que a recirculação dos gases de escape sem filtros de fuligem aumenta o nível de partículas de carbono no óleo lubrificante. As principais categorias de partículas sólidas nos óleos do cárter são as partículas de carbono, ou partículas de combustão, e as partículas metálicas, ou partículas de desgaste. As partículas de carbono podem ser determinadas por meio da espetroscopia de infravermelhos com transformada de Fourier (FTIR), um método que é adequado para a determinação da presença de vários compostos orgânicos, incluindo produtos de reação [30]. O teor de partículas metálicas pode ser determinado quantitativamente por espetrometria de absorção atómica, por exemplo [31]. De acordo com experiências efectuadas por Truhan e colaboradores [32], a fuligem como meio abrasivo, as partículas metálicas de desgaste e as partículas de oxidação causam menos desgaste abrasivo do que as partículas externas de poeira de sílica de concentrações mais elevadas. Não podem ser estabelecidos limites absolutos para os tipos, dimensões, grupos e concentrações de partículas contaminantes nos óleos lubrificantes para os motores em geral, uma vez que os limites são individuais para cada tipo específico de motor. Como regra geral, em todos os sistemas lubrificados, o tamanho das partículas deve permanecer muito abaixo da espessura da película de óleo em qualquer mecanismo lubrificado, e isto aplica-se muito bem aos motores. Os filtros de óleo em aplicações práticas podem ter taxas de retenção nominais da ordem de 15 a 20 pm.

Hussein, N. F., [33] efectuou um trabalho experimental em amostras de óleo de motor contaminado com partículas de diferentes metais, durante movimentos simulados de deslizamento lubrificado do pistão.

Os resultados dos ensaios revelaram o seguinte:

1. O aumento do tamanho do grão das partículas aumenta os valores de desgaste lubrificado.

2. As partículas contaminantes de chumbo e zinco atenuam a incidência de desgaste das amostras, enquanto que as partículas contaminantes de ferro e areia promovem a incidência de desgaste das amostras

3. O desgaste do provete tende a aumentar com o aumento das concentrações de contaminantes, ppm.

4. O desgaste do provete tende a aumentar com o aumento da distância de deslizamento.

5. O desgaste do provete aumenta proporcionalmente ao aumento da dureza dos contaminantes.

6. O desgaste do provete aumenta proporcionalmente ao aumento do tamanho do grão.

7. A cargas mais elevadas e para granulometrias de 20, 40, 60 μm e em todos os rácios de dureza, o coeficiente de atrito limite aumentou com o aumento das concentrações de contaminantes (Al , Fe).

1.6.3Contaminações líquidas ou dissolvidas e produtos de oxidação do óleo

A contaminação líquida do óleo pode ocorrer de várias formas - os resíduos de combustível, produtos de combustão, água condensada ou produtos de oxidação do lubrificante, como alguns exemplos. Uma caraterística comum a todas as contaminações líquidas dos óleos lubrificantes é o facto de afectarem a viscosidade do óleo e/ou provocarem a corrosão das superfícies lubrificadas. O efeito dos contaminantes ácidos pode ser diminuído através da neutralização, ou o óleo sobrebaseado pode ser utilizado em aplicações onde os produtos de combustão ácidos podem ser prospectados. Com exceção da água, a maioria dos contaminantes líquidos ou dissolvidos são difíceis de separar mecanicamente do óleo lubrificante. Os ácidos carboxílicos e outros produtos de reação resultantes da oxidação do óleo podem ser identificados e quantificados através da espetroscopia de infravermelhos com transformada de Fourier (FTIR). O número de acidez total (TAN) ou o número de base total correspondente (TBN), que representa o efeito total das espécies ácidas e básicas presentes no óleo, pode ser determinado pelos métodos ASTM D663, D664 e D974 [34]. O teor de água pode ser determinado, por exemplo, pelo método de Karl Fischer (DIN 51 777). O pequeno volume de óleo que está preso no conjunto de anéis de um pistão está mais contaminado do que o volume de óleo a granel do motor. Esta é uma consequência natural da presença de combustível, vapor de água e outros produtos de combustão na câmara de combustão do motor. A situação tornou-se mais grave devido à legislação mais rigorosa em matéria de emissões de gases de escape, que exige menos óleo na camisa do cilindro e um tempo de permanência mais longo para o óleo no conjunto de anéis. A má qualidade do óleo na região entre anéis deve ser tida em consideração ao avaliar as condições tribológicas em que os anéis do pistão funcionam [35]. Os trabalhos de Fox e colaboradores [23] verificaram experimentalmente que a composição do óleo entre anéis é fortemente diferente do óleo em circulação.

As suas conclusões mostram que, em particular durante o arranque e o aquecimento do motor, o lubrificante é sujeito a uma diluição substancial pelo combustível e pela água condensada, o que resulta numa desestabilização do lubrificante em várias fases líquidas e sólidas, na redução do número de base, na redução da anti-oxidação, em alterações das propriedades de viscosidade e numa lubrificação inadequada do conjunto de anéis. A fuligem do gasóleo interage com o óleo do motor e, em última análise, conduz ao desgaste das peças do motor. Os ensaios de desgaste de três corpos indicaram que o desgaste aumentava de forma não linear à medida que a quantidade de fuligem aumentava. O desgaste acumulado foi maior nas amostras com contaminação por fuligem do que nas amostras sem contaminação por fuligem [36]. A análise das partículas de desgaste para motores automóveis fornece informações importantes sobre o estado do motor, em que a alteração quantitativa da concentração e da distribuição do tamanho das partículas em relação aos valores de base estabelecidos indica um modo de desgaste anormal. Os filtros de óleo contêm as partículas de desgaste e os contaminantes sólidos mais significativos que caracterizam o modo de desgaste do motor [37].

1.7 Filtros de indução de ar do motor *(AIF)*

Os AIF para motores são concebidos para remover eficazmente os contaminantes transportados pelo ar, de modo a proteger o motor. O desempenho ótimo dos AIF é obrigatório para proteger o motor durante toda a sua vida útil. O motor requer um certo nível de limpeza do ar ingerido para reduzir o desgaste do motor e melhorar a sua eficiência. A proteção e o desgaste do motor dependem do tipo, da dimensão e da concentração dos contaminantes ingeridos. Os AIF têm de funcionar numa variedade de condições de funcionamento e ambientais.

As partículas de poeira transportadas pelo ar são muito abrasivas por natureza e pequenas quantidades de contaminantes transportados pelo ar (poeira, areia, etc.)

podem aumentar significativamente o desgaste dos anéis do pistão e das paredes do cilindro. Estudos laboratoriais mostraram que o desgaste do motor é produzido por partículas na gama de tamanhos de 1 - 40 µm [38]. Os estudos também indicam que o tamanho de partícula mais prejudicial se situa na gama de 1 - 20 µm. Os estudos também mostraram que as partículas mais pequenas do que 1 pm não causam qualquer desgaste significativo, mas a sua presença enfraquece a película de óleo [39].

1.8 Efeito da filtragem do óleo no desgaste do motor

Khorshid, E. A., e colaboradores [40] efectuaram uma análise do efeito da poeira de areia e da filtragem no desgaste do motor do automóvel. Chegaram à seguinte conclusão

1. A concentração de poeiras, a dimensão das partículas e o tipo (dureza das partículas) afectam

a taxa de desgaste de todos os componentes críticos do motor . A concentração de poeiras parece ter um efeito maior nas camisas dos cilindros e nos anéis dos pistões do que nas chumaceiras lubrificadas.

2. O O tamanho crítico das partículas de poeira para os anéis de pistão parece ser

diferente do que acontece com as camisas de cilindro e as chumaceiras. No entanto, não foi possível apresentar um argumento convincente relativamente a este efeito devido à grande variabilidade dos resultados dos vários investigadores.

3. Os dados disponíveis sobre o efeito do tipo de poeira (dureza das partículas) eram pouco conclusivos e limitados ao desgaste do anel do pistão.

4. A eficiência do filtro teve um efeito significativo na taxa de desgaste, tendo sido recomendada a utilização de filtros com a maior eficiência disponível. Filtros de ar mais bem concebidos poderiam reduzir ainda mais o desgaste e os incidentes de avaria e, assim, melhorar a economia dos motores de combustão interna que funcionam em ambientes poeirentos.

5. A qualidade da filtragem do óleo não só afectava o desgaste das chumaceiras como também da camisa do cilindro, uma vez que o desgaste da camisa era três vezes

superior ao das chumaceiras e dos anéis do pistão.

6. As poeiras finas (menos de 10 µm de tamanho) contribuíram um pouco (menos de 50%) para o desgaste da manga do cilindro.

1.9 Espessura da película de óleo da combinação anel do pistão / camisa do cilindro

Existem muitos modelos teóricos de lubrificação de anéis de pistão. Em comum a quase todos estes modelos está o facto de se basearem na equação de Reynolds. A equação de Reynolds inclui parâmetros de geometria, viscosidade, pressão e velocidades de superfície. A equação pode ser resolvida para a distribuição da pressão, capacidade de carga, força de fricção e fluxo de óleo. Os cálculos e medições da espessura da película de óleo efectuados por Richardson e Borman mostraram que a espessura da película de óleo do anel de controlo do óleo difere significativamente de um valor teórico no início do curso descendente. A espessura da película de óleo medida é maior do que a calculada. Presume-se que a razão seja o transporte de óleo adicional a partir da saia do pistão e o movimento de batida do pistão. Estes factores impedem o anel de óleo de seguir a camisa do cilindro e, assim, causam um aumento na espessura da película de óleo [41]. A espessura da película de óleo no anel de controlo do óleo aumenta quando a tensão tangencial do anel é reduzida. A espessura da película diminui quando a largura do anel é reduzida [42]. Harigaya e colaboradores [43], utilizando bancos de ensaio e motores a motor, mostram que é possível obter uma película de óleo mais espessa aumentando a velocidade do motor ou a viscosidade do óleo, ou diminuindo a carga (pressão do cilindro) ou a temperatura. No entanto, foram publicados resultados que não seguem completamente as tendências esperadas da teoria. O grau de influência destes factores é diferente e a sua interação num motor de combustão tem um impacto importante na espessura da película de óleo lubrificante. Sreenath e colaboradores [44], no seu trabalho analítico, previram a espessura da película de óleo para um motor a quatro tempos em condições de carga total e sem carga. A espessura da película de óleo é prevista através da resolução da equação de Reynold considerando o "efeito de película de aperto" em T.D.C. e B.D.C. onde é mais significativo. Assume-se que a lubrificação é totalmente inundada em todo o comprimento do curso.

Abu-Nada et al [45] aproximaram a forma da espessura da película de óleo por uma espessura de película que tem valores mínimos em B.D.C. e T.D.C. e valores mais elevados no meio. A espessura da película pode variar de cerca de 2,5 a 8 microns no curso de potência com óleo SAE 10 W 50 a 1600 rpm e em condições de ausência de carga, tal como previsto por Suzuki, H. Y., et al [46]. A espessura da película de óleo por baixo do anel de compressão superior no T.D.C. foi considerada muito pequena, na gama de 0 - 3,0 μm, devido à baixa velocidade de deslizamento nesse local. A espessura máxima da película de óleo foi encontrada perto do centro do curso, onde a velocidade máxima é atingida [47, 48]. A espessura da película de óleo formada entre o anel do pistão e o revestimento tem um grande impacto na redução da perda de potência devido ao atrito; esta espessura atinge um valor mínimo no ponto morto inferior (B.D.C) e no ponto morto superior (T.D.C) e tem valores mais elevados entre eles. O aumento do número ou da espessura dos anéis do pistão aumenta o atrito do pistão, reduzindo assim a potência de travagem e a eficiência [49, 50].

1.10 O objetivo do presente trabalho

O objetivo do presente trabalho é estudar o efeito dos contaminantes no atrito e na perda de potência durante o deslizamento da lubrificação de fronteira no motor. O efeito do tamanho do grão das partículas, das concentrações e dos materiais será investigado. Todos os ensaios experimentais foram efectuados à temperatura ambiente.

Foram estudados óleos lubrificantes com diferentes viscosidades, minerais e sintéticos. Os testes experimentais foram efectuados no estado de lubrificação limite. Foi utilizado um aparelho de ensaio recíproco para simular o movimento recíproco da combinação do revestimento do pistão.

CAPÍTULO 2

TRABALHO EXPERIMENTAL

2.1 Aparelho e procedimento de ensaio

O aparelho de ensaio alternativo utilizado neste estudo é apresentado nas figuras (2-1, 2, 3). O equipamento é composto por um disco excêntrico utilizado para fornecer o movimento recíproco e ligado a um bloco móvel através de uma alavanca de ligação. O bloco móvel foi concebido para deslizar entre duas guias e sobre uma placa plana. As guias estão equipadas com esferas de igual diâmetro para facilitar o deslizamento e atuar como chaves. A excentricidade do disco foi fixada em 30 mm e o movimento é transmitido ao disco rotativo através de um sistema de roldanas e de um motor de corrente alternada de 1 KW e 1400 r.p.m. As cargas foram aplicadas ao contacto por pesos mortos através de um mecanismo de alavanca com um rácio de alavancagem de 3:1. Uma amostra de camisa de cilindro em movimento foi fixada no topo do bloco alternativo. Os espécimes de fricção eram amostras de anéis de pistão. Foi preparado um medidor de tensão para medir a força de atrito tangencial durante o deslizamento através de uma ponte de tensão eletrónica. A célula de carga é constituída por uma placa de aço aparafusada à alavanca de carga em ambas as extremidades. O sinal do extensómetro foi calibrado para medir a força de atrito através de um dispositivo de calibração. O dispositivo foi concebido para aplicar uma força tangencial conhecida na posição da amostra e medir o sinal do extensómetro correspondente. O sinal foi recebido através de uma interface ligada a um computador.

2.2 Espécimes de teste

2.2.1 Anel do pistão

Os espécimes de anéis de pistão foram selecionados como parte dos anéis de um motor de combustão interna e preparados para ensaios, ver Fig. (2-4).

Tabela 2.1: Análise química do anel de pistão

Constituinte	Peso (%)	Constituinte	Peso (%)
Fe	91.24	Mn	0.249
C	3.51	Mo	0.15
Si	2.55	P	0.027
Cr	1.08	Nb	0.103
Ni	0.823	Ti	0.0242
Al	0.0149	W	0.0394
Co	0.00881	Como	0.00307
V	0.0106	B	0.0294
Pb	0.0158	Mg	0.044
Cu	0.0775	S	0.00615

2.2.2A parte recíproca (camisa do cilindro)

Os provetes de placa recíproca foram selecionados como parte de um revestimento de motor de combustão interna e preparados para ensaios, ver Fig. (2-4).

Tabela 2.2: Análise química da camisa do cilindro

Constituinte	Peso (%)	Constituinte	Peso (%)
Fe	91.71	Al	0.0018
C	3.6	Mo	0.0849
Si	2.43	Ni	0.0622
Mn	0.819	Nb	0.00251
P	0.607	Ti	0.0251
Cr	0.46	W	0.004
Co	0.00803	Como	0.0102
V	0.0215	B	0.004
Pb	0.003	Mg	0.00748
Cu	0.106	S	0.047

Tabela 2.3: A dureza dos provetes de ensaio

Número da amostra	Nome da amostra	HV (20)
1	Revestimento do cilindro	257
2	Anel do pistão	303

A análise química da amostra do anel do pistão e da amostra da camisa do cilindro foi efectuada no instituto central de I&D metalúrgico do Ministério da Investigação Científica.

As medições da dureza do anel do pistão e da camisa do cilindro também foram efectuadas no mesmo instituto.

2.3 Óleos lubrificantes

1- Óleo mineral multigraduado (20W50).

2 - Óleo sintético (5W50).

As propriedades do óleo utilizado no estudo são apresentadas no apêndice [2].

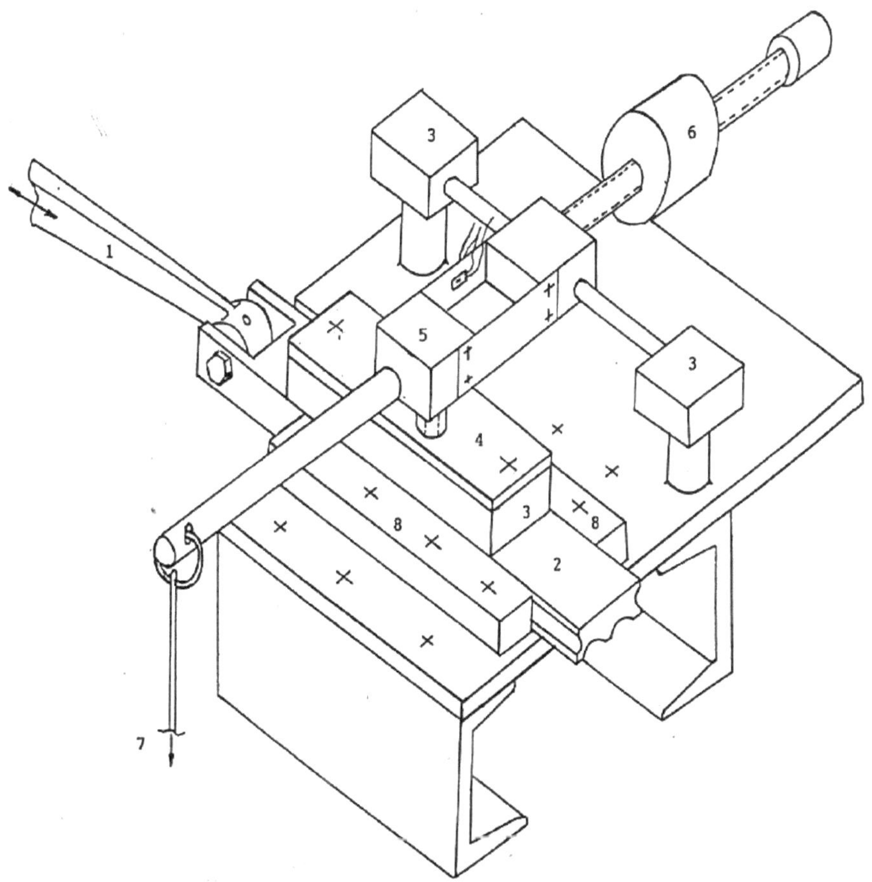

1- Haste 2- Bloco recíproco 3- Isolamento 4- do cilindro

5- Célula de carga 6- Sistema de alavanca 7- Pesos mortos 8- Guias

Fig. 2-1: Aparelho de ensaio.

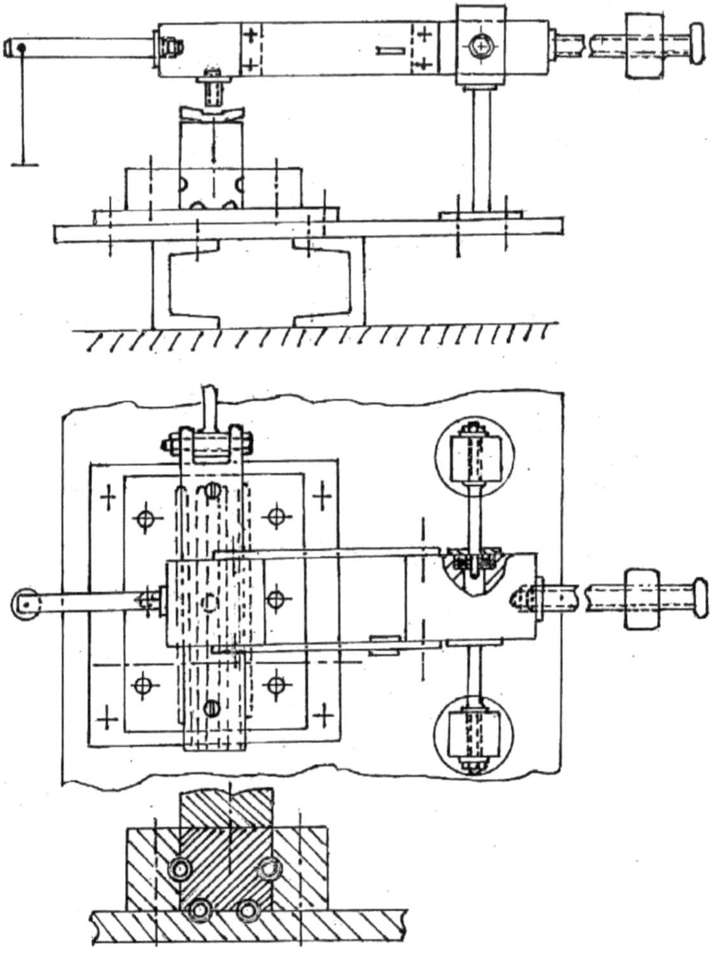

Fig.2-2: Esquema do aparelho de ensaio.

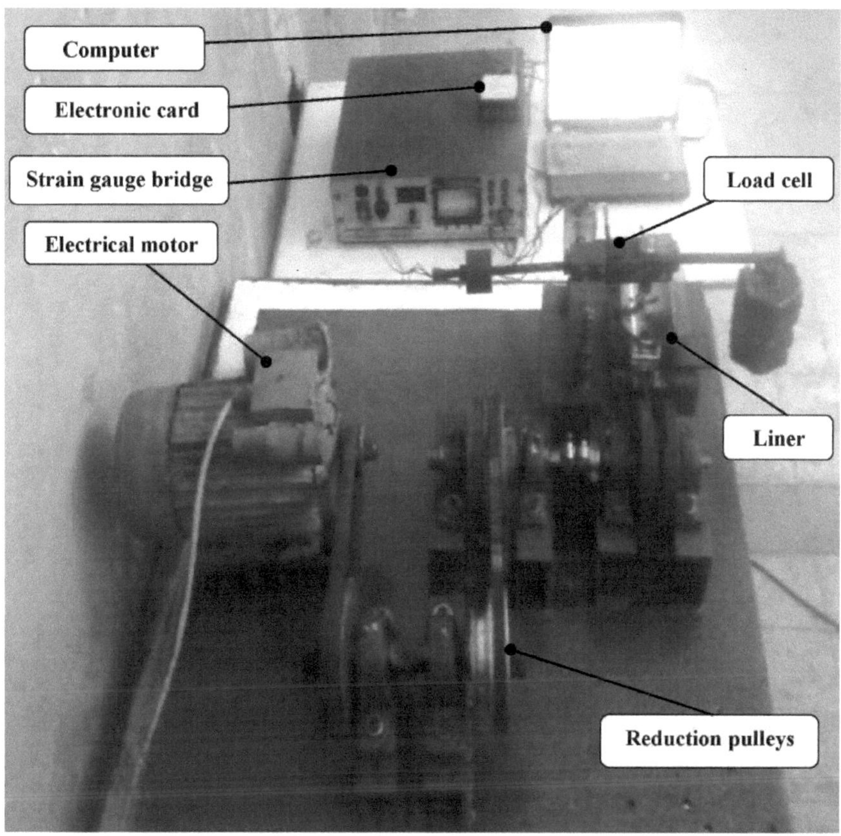

Fig.2- 3: Fotografia do aparelho de ensaio.

Fig.2-4: Espécimes de teste.

2.4 Amostras de óleo

Foram preparadas amostras de óleo contaminadas com diferentes quantidades de diferentes metais, tais como Al, Fe, Cu, Pb e SiO_2. Foram consideradas concentrações de 40, 60, 80 e 100 ppm com tamanhos de grão inferiores ou iguais a 20, 40 e 60 μm. As amostras de óleo contaminado foram agitadas cuidadosamente antes de serem utilizadas nos ensaios de fricção, Tabela (2-4).

Tabela 2.4: Tamanhos de grãos e concentrações

Não	Tamanho do grão	Concentração	Montante
1-	20 μm	40 ppm	4 mg / 100ml de óleo
		60 ppm	6 mg / 100ml de óleo
		80 ppm	8 mg / 100ml de óleo
		100 ppm	10 mg / 100 ml de óleo
2-	40 μm	40 ppm	4 mg / 100ml de óleo
		60 ppm	6 mg / 100ml de óleo

		80 ppm 100 ppm	8 mg / 100ml de óleo 10 mg / 100 ml de óleo
3-	60 µm	40 ppm 60 ppm 80 ppm 100 ppm	4 mg / 100ml de óleo 6 mg / 100ml de óleo 8 mg / 100ml de óleo 10 mg / 100 ml de óleo

Dica: 1 ppm = 10^{-6} *gm/ cm*^{3}

Foi utilizada uma balança digital eletrónica com capacidade de leitura de 0,1 mg para preparar as amostras de óleo testadas.

2.5 Medições de desgaste

O desgaste foi medido pesando os espécimes antes e depois de cada ensaio utilizando uma balança digital eletrónica com uma precisão de ± 0,1 mg, ver Fig. (2-6).

2.6 Medições de velocidade

Foi utilizado um tacómetro para medir a velocidade de rotação do disco excêntrico utilizado para acionar o aparelho de movimento alternativo. Os dados do aparelho de movimento alternativo são apresentados no apêndice [1]. A Fig. (2-7) mostra o foto-taquímetro utilizado no estudo, ver Fig. (2-5), e a tabela 2.5.

Quadro 2.5: Aparelho de movimento alternativo Velocidades

Não	**N (r.p.m)**	**Vavg** (m/s)	**Vmax** (m/s) **a meio do curso**
1	**313**	**0.63**	**1.1**
2	**425**	**0.85**	**1.4**
3	**538**	**1.1**	**1.85**

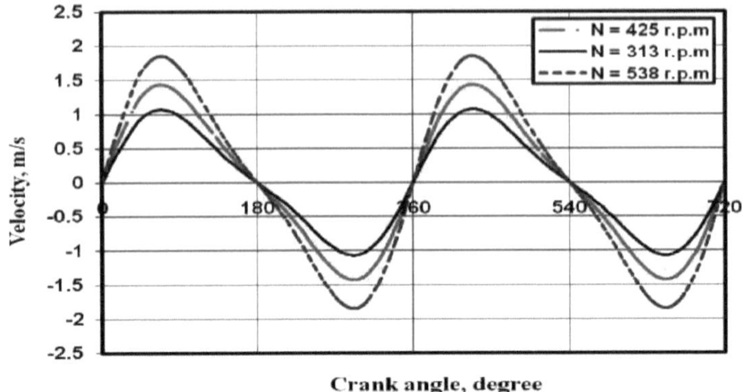

Fig. 2-5: Velocidades recíprocas calculadas versus ângulo da manivela.

Fig. 2- 6: Balança digital eletrónica.

Fig.2-7: O tacómetro de tipo foto.

2.7 Medições de viscosidade

A viscosidade do óleo lubrificante foi medida utilizando um viscosímetro digital graduado em **Pa.s**, ver Fig. (2-8).

Fig. 2-8: viscosímetro.

2.8 Sistema de aquisição de dados

Foi possível recolher uma grande quantidade de dados para analisar com precisão o sistema tribológico em causa. Os dados foram recebidos através de um cartão eletrónico (interface eletrónico) ligado ao computador. Esta placa tem 4 canais de entrada e é adequada para todos os tipos de sensores. Os dados foram visualizados e guardados em ambiente DOS. A Fig. (2-9) mostra o sistema de aquisição de dados (interface).

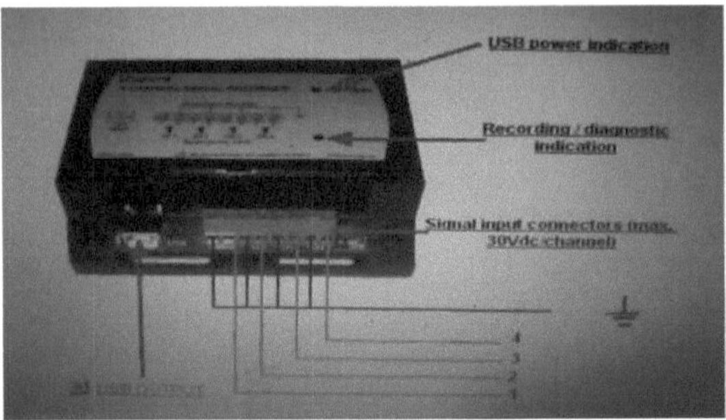

Fig. 2-9: Cartão eletrónico (sistema de aquisição de dados).

2.9 Medições da força de atrito

Foi preparada uma célula de carga para medir a força de atrito tangencial durante o deslizamento. A célula de carga é constituída por uma placa de aço aparafusada à alavanca de carga em ambas as extremidades, ver Fig. (2-4). O sinal do extensómetro foi calibrado para medir a força de atrito através de um dispositivo de calibração. O dispositivo foi concebido para aplicar uma força tangencial conhecida na posição da amostra e medir o sinal do extensómetro correspondente. O sinal foi medido em mV. O processo de calibração foi repetido para cada carga tangencial e o sinal da ponte correspondente foi registado, ver Fig. (2-10), Fig. (2-11).

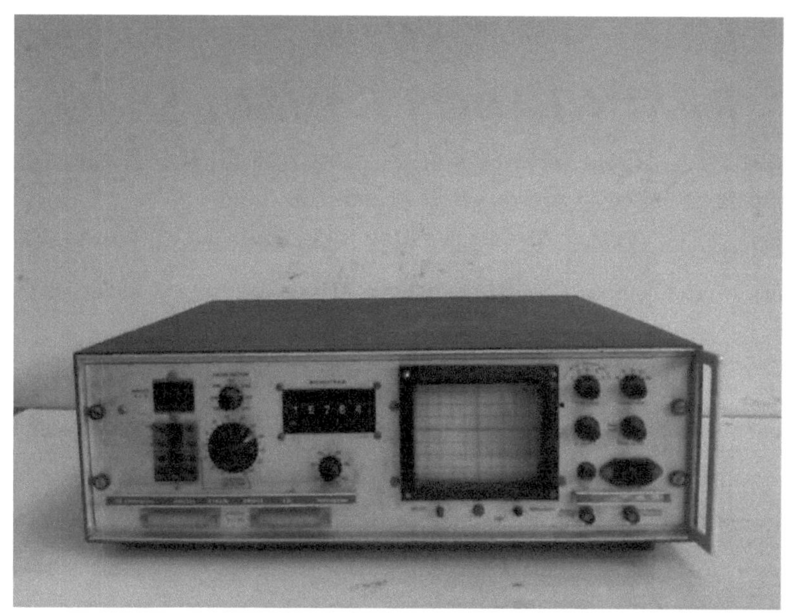

Fig. 2-10: Ponte extensométrica do tipo E31.

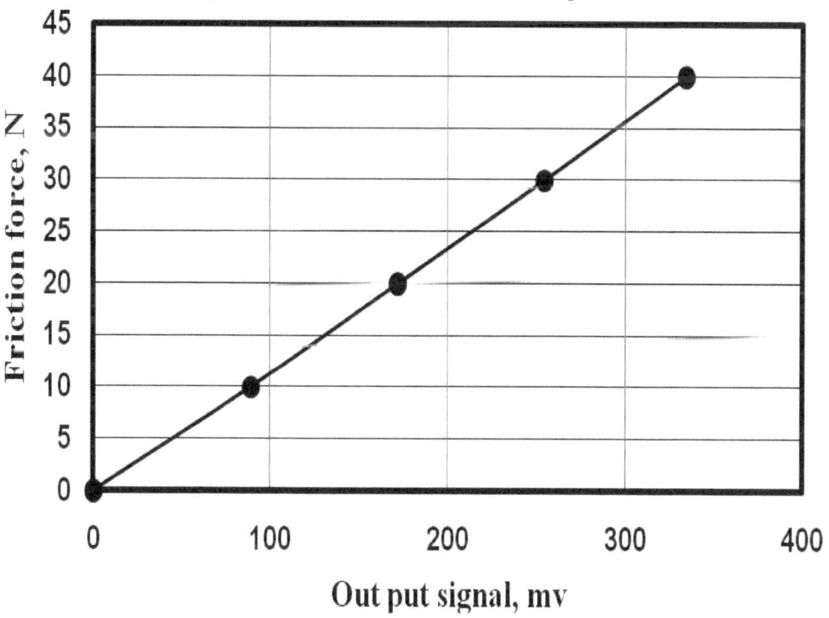

Fig. 2-11: Força de atrito versus leituras da célula de carga.

CAPÍTULO 3

RESULTADOS E DISCUSSÃO

3.1 Efeito do tipo de óleo na força de atrito, nas perdas de potência e no coeficiente de atrito da combinação anel do pistão / camisa do cilindro

Foi efectuado um trabalho experimental para estudar as caraterísticas tribológicas da combinação anel de pistão/camisa de cilindro. O estudo incluiu as medições da força de fricção, do coeficiente de fricção limite e das perdas de potência. O efeito da granulometria e das concentrações dos contaminantes no atrito e nas perdas de potência foi também examinado. Foi registado o efeito do tipo de contaminantes no contacto de deslizamento. A combinação anel/camisa acolhe uma variedade de diferentes mecanismos de lubrificação e de atrito durante um ciclo de funcionamento do motor. Isto deveu-se às variações de carga, velocidade e efeitos de contra-superfície. As condições de lubrificação num contacto anel/camisa são fortemente transitórias e reflectem-se nas variações dos comportamentos de fricção, lubrificação e desgaste.

A figura 3.1 mostra a relação entre a força de atrito (N) e o ângulo da manivela (graus) para diferentes velocidades de deslizamento recíproco com uma carga normal de contacto de 120 N e à temperatura ambiente. A comparação entre um óleo mineral (20 W 50) com uma viscosidade de 0,15 Pa.s e um óleo sintético (5 W 50) com uma viscosidade de 0,1 Pa.s. Observou-se que a força de atrito atingiu o pico nas localizações T.D.C. (ponto morto superior) e B.D.C. (ponto morto inferior) do movimento do cursor. Isto ocorreu devido à velocidade recíproca criticamente baixa e, por conseguinte, à espessura da película de óleo nestes locais. A diminuição da força de atrito e, consequentemente, do coeficiente de atrito limite com o aumento da velocidade de deslizamento recíproco, deve-se ao aumento da película de óleo limite com o aumento da velocidade. As partes negativas da curva devem-se à mudança de direção da velocidade do pistão através do movimento alternativo. A comparação entre o óleo mineral e o óleo sintético mostrou que o aumento da força de atrito com o óleo sintético estava fortemente relacionado com a sua baixa viscosidade em comparação com o óleo mineral. A baixa viscosidade do óleo sintético foi substancialmente responsável pela diminuição crítica da espessura da película de óleo limite e tornou-se uma razão importante para o aumento da força de atrito durante a aplicação do óleo sintético. As perdas de potência de fricção foram calculadas como a multiplicação da força de fricção da situação de deslizamento e a correspondente velocidade de deslizamento recíproco, assim:

$P_{avg} = F_f X\ V_{avg}$ [watt]

$F_f = W\ X\ \mu_{avg}$ [N]

Onde

P_{avg} = perdas médias de potência, watt

F_f = força de atrito, N

V_{avg} = velocidade média de deslizamento, m/s

W = carga de contacto normal, N

μ_{avg} = coeficiente médio de atrito no limite.

A Figura 3.2 indica a relação entre as perdas de potência (watt) e o ângulo da manivela (graus), para diferentes velocidades de deslizamento recíprocas à carga normal de 120 N e à temperatura ambiente. Foi efectuada uma comparação entre o efeito da utilização de óleo mineral e de óleo sintético. Observou-se que as perdas de potência por fricção atingem o seu pico a meio do curso e valores mínimos nas posições T.D.C. e B.D.C.. Observou-se que as perdas de potência aumentavam com o aumento da velocidade recíproca, especialmente a meio do curso. A comparação entre o óleo mineral e o óleo sintético mostrou que as perdas aumentaram com o óleo sintético do que com o óleo mineral devido à baixa viscosidade do óleo sintético, que contribuiu para aumentar a força de atrito. Nos pontos mortos, as perdas tendem a ser criticamente baixas devido à baixa velocidade recíproca dominante nestes locais.

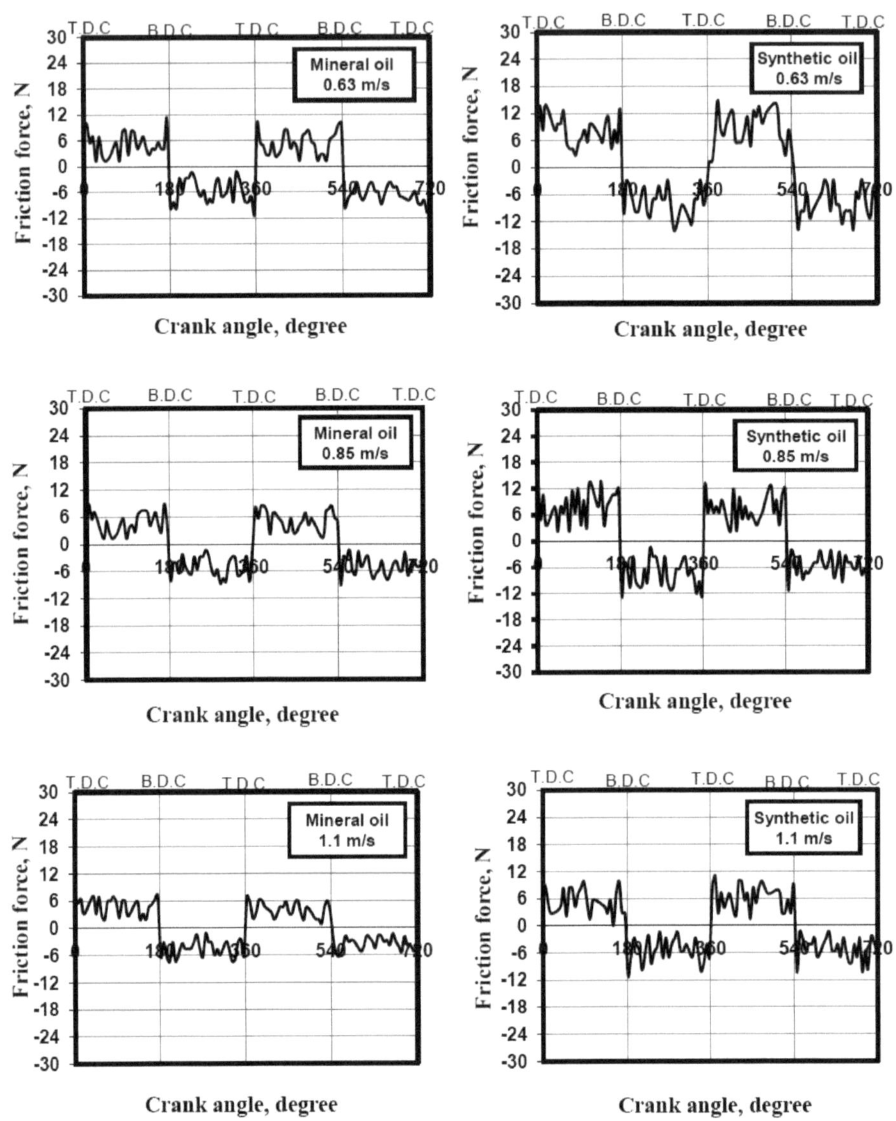

Fig.3.1: Efeito do tipo de óleo na força de atrito, óleos limpos a uma carga normal de 120 N.

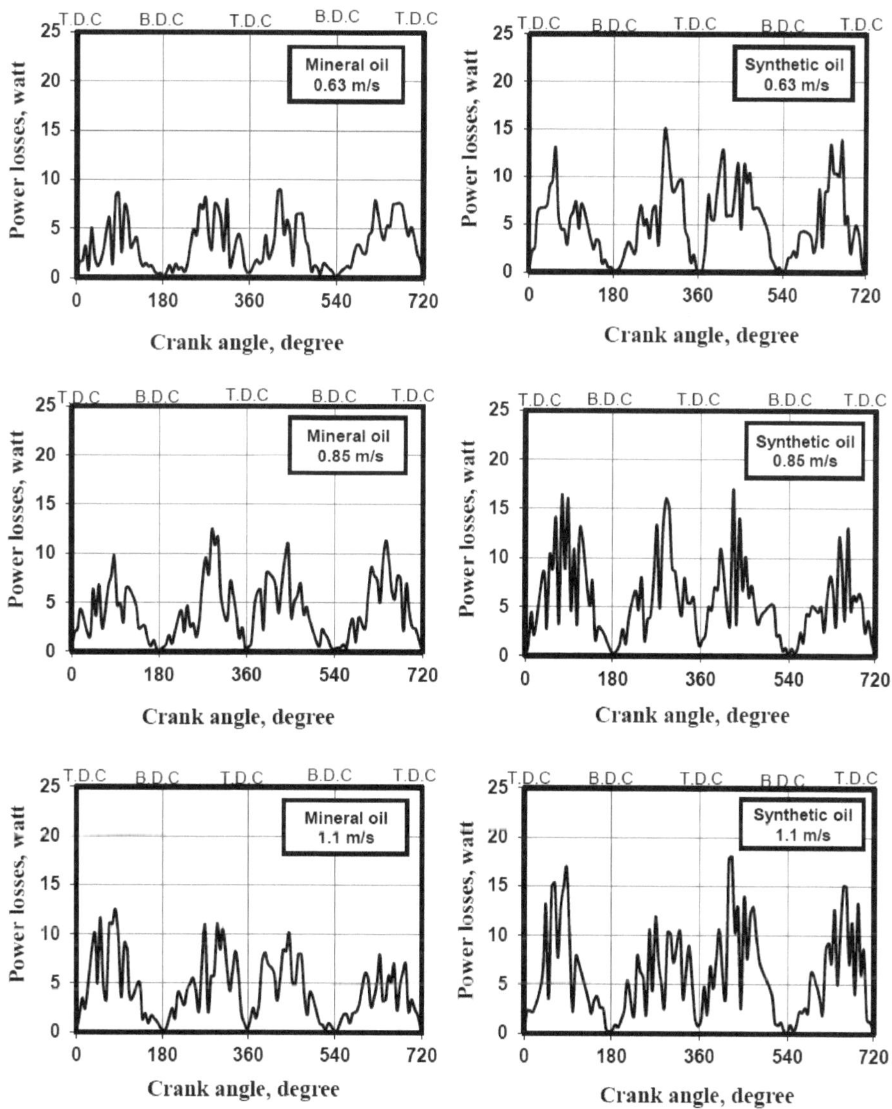

Fig. 3.2: Efeito do tipo de óleo nas perdas de potência, óleos limpos a uma carga normal de 120 N.

A Figura 3.3 mostra a relação entre o coeficiente de atrito limite e o ângulo de manivela, para diferentes velocidades de deslizamento recíproco, para os mesmos dados anteriormente mencionados. A comparação foi efectuada entre um óleo mineral 20W50 com uma viscosidade de 0,15 Pa. s. e um óleo sintético 5W50 com uma viscosidade de 0,1 Pa. s. Observou-se um coeficiente de atrito limite mais elevado na vizinhança das localizações T.D.C. e B.D.C., devido à velocidade de deslizamento recíproca criticamente baixa nestas localizações e, consequentemente, à impressionante baixa película de óleo. Observou-se que o coeficiente de atrito limite diminui com o aumento da velocidade de deslizamento como resultado do aumento da película de óleo entre o anel do pistão e a camisa do cilindro. Observou-se que o óleo mineral à velocidade de deslizamento recíproco de 0,63 m/s, mostrou valores de pico nas localizações T.D.C. e B.D.C. na gama de 0,09 a 0,11. Foi registada uma diminuição substancial do coeficiente de atrito limite na localização do meio do curso, com valores entre 0,03 e 0,07. A atenuação dos valores de atrito foi referida à relação entre o aumento da velocidade recíproca a meio curso e o aumento governado da película de lubrificante. No entanto, a uma velocidade de deslizamento mais elevada de 1,1 m/s, os valores de pico do coeficiente de atrito limite registados nas localizações T.D.C. e B.D.C. variaram entre 0,05 e 0,062 e a meio do curso apresentaram valores na gama de 0,015 a 0,03. Além disso, a comparação do óleo sintético com o óleo mineral mostrou um aumento nos valores do coeficiente de atrito limite para o óleo sintético devido à sua menor viscosidade em comparação com o óleo mineral.

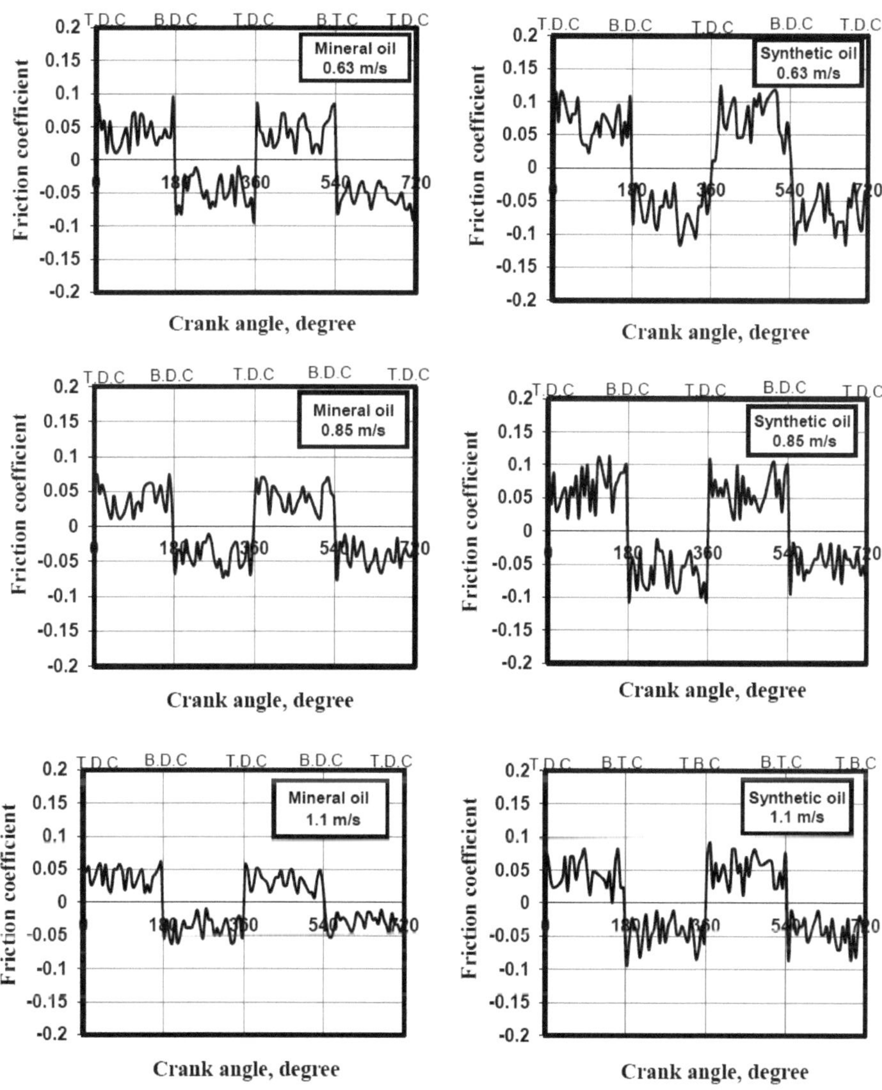

Fig. 3.3: Efeito do tipo de óleo no coeficiente de atrito limite, óleos limpos a uma carga normal de 120N.

3.2 Efeito das concentrações de contaminantes na força de atrito, no coeficiente de atrito e nas perdas de potência da combinação anel do pistão / camisa do cilindro

O óleo do cárter está sempre contaminado por partículas abrasivas que levam ao desgaste da saia do pistão abaixo dos anéis do pistão, o que é indicado por um aspeto mate da superfície abaixo dos anéis, particularmente nos lados de impulso da saia do pistão. Os anéis do pistão também sofrem de desgaste abrasivo, se estiverem presentes partículas de tamanho suficiente em concentrações relevantes no óleo do motor. O polimento do furo é outro efeito indesejável de pequenas partículas abrasivas no óleo lubrificante.

3.2.1Efeito das concentrações de contaminantes na força de atrito

3.2.1.1 Película de óleo de fronteira contaminada com partículas de ferro

A Figura 3.4 mostra o efeito das concentrações de partículas de ferro na força de atrito da combinação anel do pistão/camisa do cilindro a diferentes velocidades de deslizamento recíprocas e uma carga normal de contacto de 120 N. O tamanho do grão foi fixado em 20 pm. O óleo mineral lubrificante foi o S.A.E. 20W50. As concentrações de ferro foram escolhidas para serem de 40, 60 e 100 ppm. O óleo sem contaminantes apresentou uma força de fricção de valores relevantes em comparação com o óleo contaminado. Em geral, a força de fricção atingiu o seu pico nos locais T.D.C. e B.D.C. do movimento do pistão, devido à baixa velocidade crítica e, consequentemente, ao fraco acesso do óleo a estes locais. Observa-se que a força de atrito aumenta ligeiramente com o aumento da concentração de partículas de ferro devido ao aumento da quantidade de partículas que alterou a geometria abrasiva (número e tamanho dos contactos) da interface de contacto. A força de atrito limite parece ser substancialmente mais baixa na zona de meia-rotação, devido ao efeito do bom acesso do óleo a esta zona. Como tendência geral, observou-se que os valores da força de atrito limite diminuíram com o aumento da velocidade de deslizamento recíproco, o que promoveu a formação de uma película de óleo limite impressionante e protetora. A uma velocidade recíproca de 0,63 m/s, a força de fricção média variou entre 5 N para o óleo sem contaminantes, 12 N a 40 ppm e 15,6 N para o óleo contaminado com 100 ppm de partículas de ferro. Estes valores diminuem à medida que a velocidade recíproca aumenta, o que promove a formação de uma película de óleo limite impressionante e protetora.

3.2.1.2 Película de óleo de fronteira contaminada com partículas de cobre

A Figura 3.5 mostra o efeito das concentrações de partículas de cobre na força de atrito da combinação anel de pistão/camisa de cilindro a diferentes velocidades de deslizamento recíprocas e uma carga normal de contacto de 120 N. O tamanho do grão foi fixado em 20 pm. O óleo mineral lubrificante foi o S.A.E. 20W50. As concentrações de cobre foram escolhidas para serem de 40, 60 e 100 ppm. O óleo sem contaminantes apresentou uma força de fricção de valores relevantes em comparação com o óleo contaminado. Em geral, a força de fricção atingiu o seu pico nos locais T.D.C. e B.D.C. do movimento do pistão, devido à baixa velocidade crítica e, consequentemente, ao fraco acesso do óleo a estes locais. Observou-se que a força de atrito aumentou com o aumento da concentração de partículas de cobre devido ao aumento da quantidade de partículas que alterou a geometria abrasiva (número e tamanho dos contactos) da interface de contacto. Este aumento foi fortemente observado na concentração de 100 ppm. A uma velocidade recíproca de 0,63 m/s, a força de atrito média variou de 5 N para o óleo sem contaminantes a 9 N a 40 ppm, e a 15,6 N para o óleo contaminado com 100 ppm de partículas de cobre. Estes valores diminuem à medida que a velocidade recíproca aumenta, o que promoveu a formação de uma película de óleo limite impressionante e protetora.

3.2.1.3 Película de óleo de fronteira contaminada com partículas de óxido de silício

A Figura 3.6 mostra o efeito das concentrações de partículas de óxido de silício na força de atrito da combinação anel de pistão / camisa de cilindro a diferentes velocidades de deslizamento recíprocas e uma carga normal de contacto de 120 N. O tamanho do grão foi variado até 20 pm. O óleo mineral lubrificante foi o S.A.E. 20W50. As concentrações de óxido de silício foram escolhidas para serem de 40, 60 e 100 ppm.

O óleo sem contaminantes apresentou uma força de fricção de valores relevantes em comparação com o óleo contaminado. Mais uma vez, a força de fricção atingiu o seu pico nos locais T.D.C. e B.D.C. do movimento do pistão, devido à baixa velocidade crítica e, consequentemente, ao fraco acesso do óleo a estes locais. Observou-se que a força de atrito aumenta com o aumento da concentração de partículas de óxido de silício, devido à sua ação abrasiva. Uma explicação sugerida foi o elevado efeito de incrustação das partículas de sílica dura (800 kg */mm* ^{2}) que aumenta a força de atrito. A uma velocidade recíproca de 0,63 m/s, a força de atrito média variou de 5 N para o óleo sem contaminantes a 8,2 N para o óleo contaminado com 40 ppm e a 14,5 N para o óleo contaminado com 100 ppm de partículas de óxido de silício. Estes valores diminuem à medida que a velocidade recíproca aumenta.

3.2.1.4 Película de óleo contaminada com partículas de alumínio

A Figura 3.7 mostra o efeito das concentrações de partículas de alumínio na força de atrito da combinação anel de pistão / camisa de cilindro a diferentes velocidades de deslizamento recíprocas e uma carga normal de contacto de 120 N. O tamanho do grão foi fixado em 20 pm. O óleo mineral lubrificante foi o S.A.E. 20W50. As concentrações de alumínio foram escolhidas para serem de 40, 60 e 100 ppm. O óleo sem contaminantes apresentou uma força de fricção de valores relevantes em comparação com o óleo contaminado. Mais uma vez, a força de fricção atingiu o seu pico nos locais T.D.C. e B.D.C. do movimento do pistão, devido à baixa velocidade crítica e, consequentemente, ao fraco acesso do óleo a estes locais. Além disso, observou-se que a força de atrito aumenta com o aumento das concentrações de partículas de alumínio no óleo. O aumento da força de atrito com as partículas de alumínio tem sido fortemente relacionado com vários factores, tais como o facto de as partículas de alumínio macio não poderem cortar nada mais duro do que elas próprias, e o aumento da concentração de partículas de alumínio aumentou a película de alumínio interfacial e, consequentemente, parte do valor de atrito lubrificado na fronteira pode estar através desta película, tendo em conta que esta parte foi aumentada com o aumento das concentrações de partículas. A uma velocidade recíproca de 0,63 m/s, a força de atrito média variou de 5 N para o óleo sem contaminantes a 7 N a 40 ppm, e a 0,O N para o óleo contaminado com 100 ppm de partículas de alumínio. Estes valores diminuem à medida que a velocidade recíproca aumenta.

3.2.1.5 Película de óleo de fronteira contaminada com partículas de chumbo

A Figura 3.8 mostra o efeito das concentrações de partículas de chumbo na força de atrito da combinação anel do pistão/camisa do cilindro a diferentes velocidades de deslizamento recíprocas e uma carga normal de contacto de 120 N. O tamanho do grão foi fixado em 20 pm. O óleo mineral lubrificante foi o S.A.E. 20W50. As concentrações de chumbo foram escolhidas para serem de 40, 60 e 100 ppm. O óleo sem contaminantes apresentou uma força de fricção de valores relevantes em comparação com o óleo contaminado. Mais uma vez, a força de fricção atingiu o seu pico nos locais T.D.C. e B.D.C. do movimento do pistão, devido à baixa velocidade crítica e, consequentemente, ao fraco acesso do óleo a estes locais. A uma velocidade recíproca de 0,63 m/s, a força de atrito média variou de 5 N para o óleo sem contaminante a 6,5 N a 40 ppm e a 10,5 N para o óleo contaminado com 100 ppm de partículas de chumbo. Estes valores diminuem à medida que a velocidade recíproca aumenta.

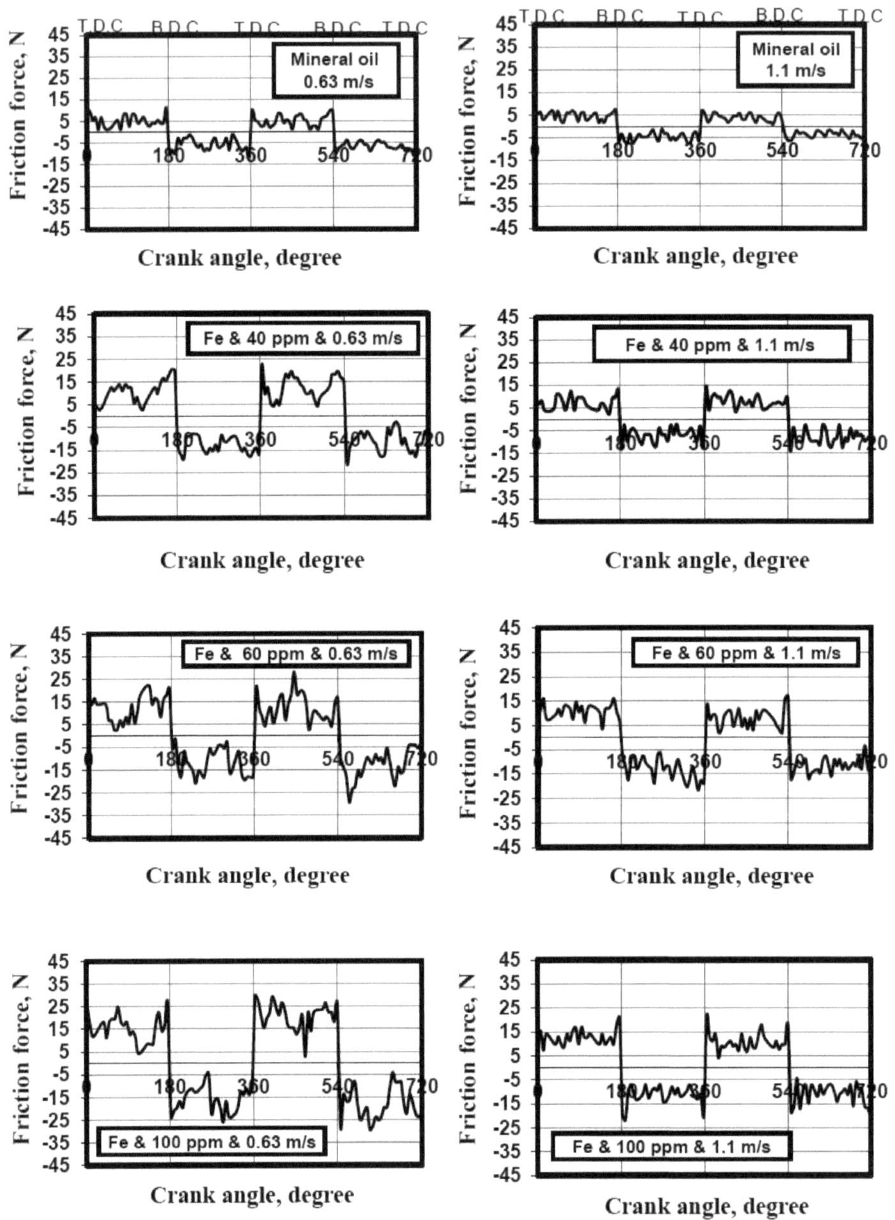

Fig. 3.4: Efeito da concentração de ferro de 20 μm de tamanho de grão na força de fricção a 120 N cargas de contacto.

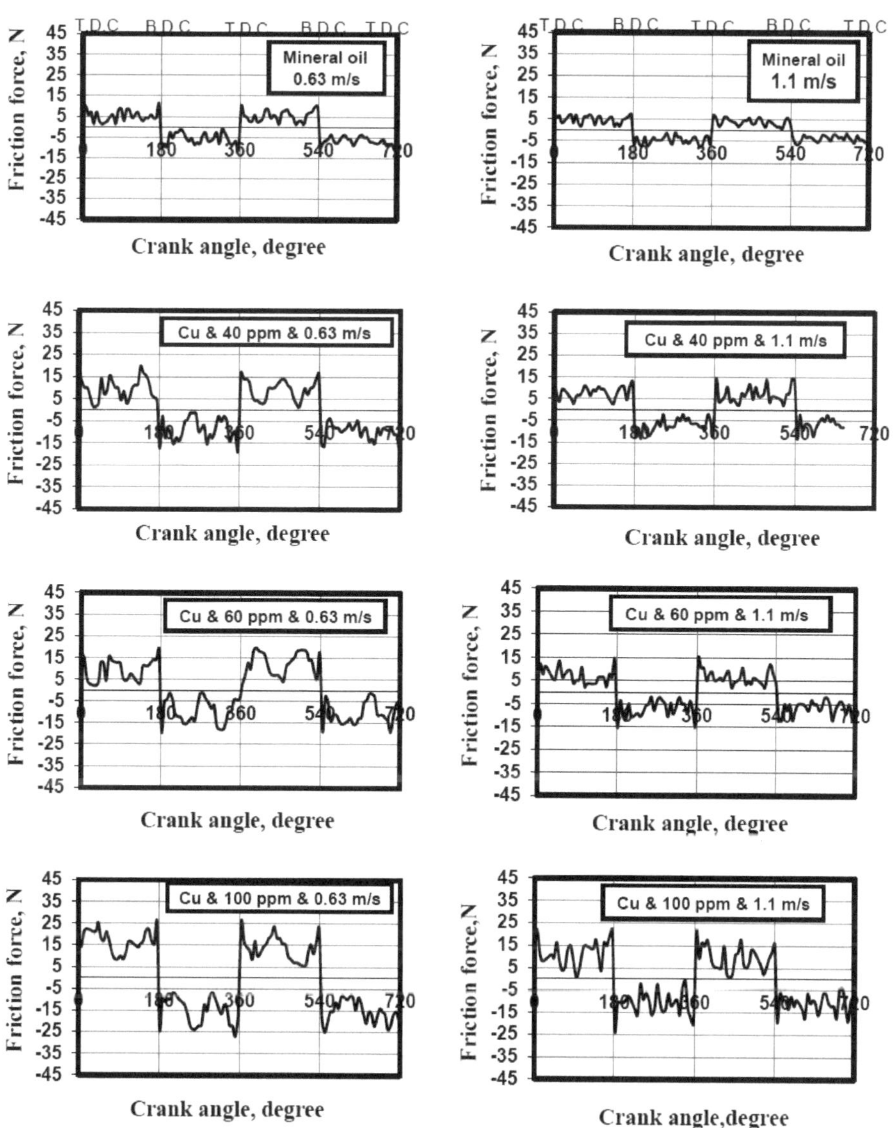

Fig. 3.5: Efeito da concentração de cobre de 20 μm de tamanho de grão na força de fricção a cargas de contacto de 120 N.

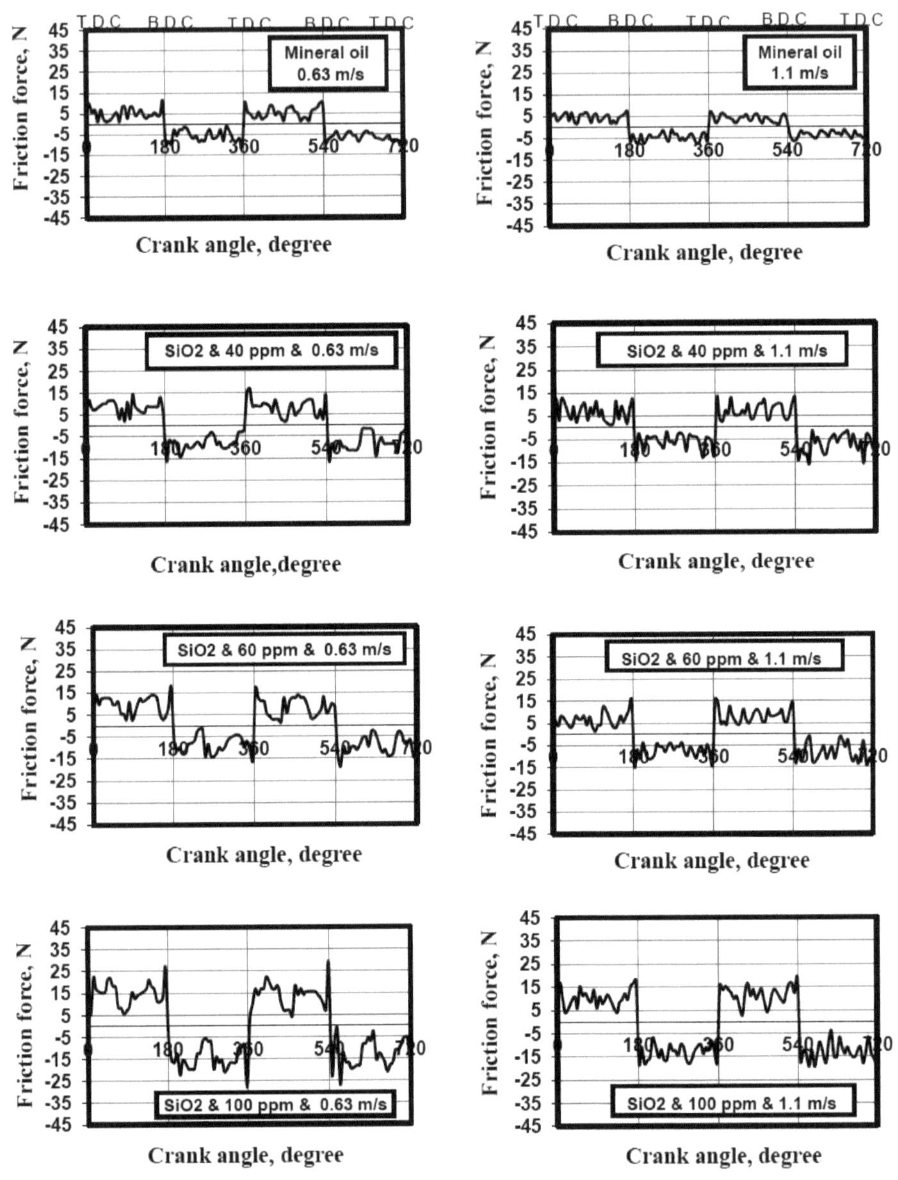

Fig. 3.6: Efeito da concentração de óxido de silício com um tamanho de grão de 20 μm na força de fricção a cargas de contacto de 120 N.

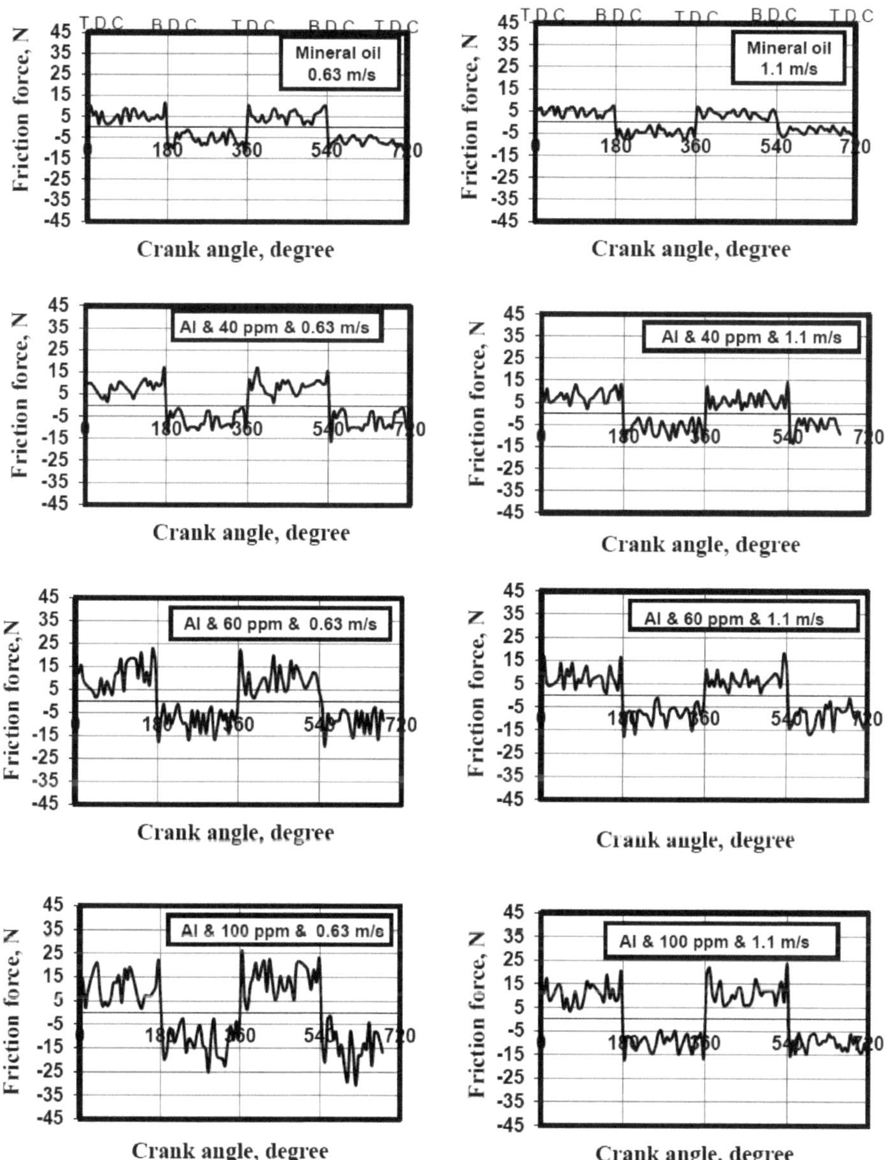

Fig. 3.7: Efeito da concentração de alumínio com granulometria de 20 μm na força de atrito a cargas de contacto de 120 N.

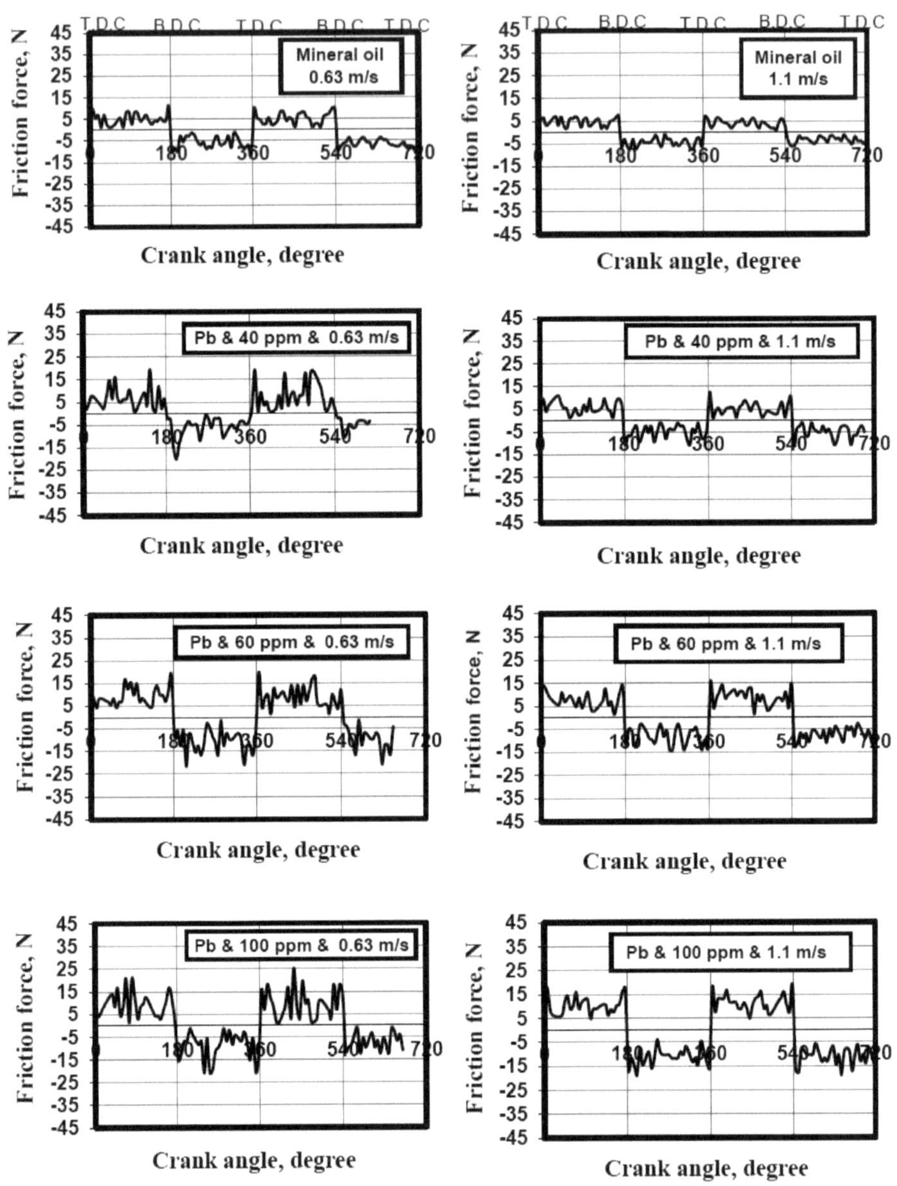

Fig. 3.8: Efeito da concentração de chumbo de 20 μm de tamanho de grão na força de atrito a cargas de contacto de 120 N.

3.2.2 Efeito das concentrações de contaminantes nas perdas de potência por fricção:

3.2.2.1 Película de óleo de fronteira contaminada com partículas de ferro

A Figura 3.9 mostra a relação entre as perdas de potência por fricção e o ângulo da manivela, para ilustrar o efeito das concentrações de partículas de ferro nas perdas de potência. As concentrações variaram de 40 ppm a 100 ppm e a carga normal de contacto adoptada foi de 120 N. A granulometria dos contaminantes foi fixada em 20 µm. Como tendência geral, observou-se que as perdas de potência atingiram o seu pico a meio do curso, onde a velocidade recíproca atingiu o seu máximo e, consequentemente, a espessura da película de óleo e o cisalhamento viscoso, e o seu mínimo nas localizações T.D.C. e B.T.C., onde a velocidade e a película de óleo são criticamente baixas. Observou-se que as perdas de potência aumentam proporcionalmente ao aumento da concentração de contaminantes devido ao aumento da força de atrito. A 0,63 m/s, observou-se que as perdas de potência máximas aumentaram de 9 watts para o óleo sem contaminantes para 21 watts a 40 ppm e para 28 watts a 100 ppm. Além disso, as perdas de potência aumentaram proporcionalmente à velocidade de deslizamento e ao aumento das concentrações de ferro.

3.2.2.2 Película dc óleo de fronteira contaminada com partículas de cobre

A Figura 3.10 mostra a relação entre as perdas de potência e o ângulo de manivela para várias concentrações de partículas de cobre e duas velocidades de deslizamento registadas, para mostrar a influência da concentração de partículas de cobre nas perdas de potência. Pode concluir-se o seguinte:

1- Observou-se que as perdas de potência atingiram o seu pico a meio do curso e o seu mínimo nas localizações T.D.C. e B.D.C..

2- As perdas de potência aumentaram com o aumento da concentração de partículas de cobre no óleo, mas este aumento foi menor do que o das partículas de ferro.

3- As perdas de potência aumentaram com o aumento da velocidade de deslizamento e, consequentemente, com o atrito viscoso.

3.2.2.3 Película de óleo de fronteira contaminada com partículas de óxido de silício

A Figura 3.11 ilustra a relação entre as perdas de potência e o ângulo da manivela, para duas velocidades de deslizamento recíprocas. O tamanho do grão foi variado até 20 pm. O óleo mineral lubrificante foi S.A.E. 20W50. As concentrações de óxido de silício foram escolhidas para serem de 40, 60 e 100 ppm. A carga normal de contacto foi fixada em 120 N. Observou-se que as perdas de potência aumentam com o aumento da concentração de partículas, devido ao aumento impressionante do fator de lavra das partículas de sílica devido à sua elevada dureza (800 kg / mm^2). Além disso, a uma velocidade de deslizamento de 1,1 m/s, registou-se um aumento das perdas de potência, devido ao aumento das perdas por cisalhamento viscoso com o aumento da velocidade. A 0,63 m/s, observou-se que as perdas máximas de potência aumentaram de 9 watts para o óleo sem contaminantes para 15,4 watts a 40 ppm e para 21,6 watts a 100 ppm. A 1,1 m/s, registou-se um aumento das perdas máximas de potência de 12,5 watts para o óleo sem contaminantes para 19,7 watts a 40 ppm e para 33 watts a 100 ppm.

3.2.2.4 Película de óleo contaminada com partículas de alumínio

A Figura 3.12 ilustra a relação entre as perdas de potência e o ângulo da manivela, para duas velocidades de deslizamento recíprocas. O tamanho do grão foi fixado em 20 μm. O óleo mineral lubrificante foi S.A.E. 20W50. As concentrações de alumínio foram escolhidas para serem de 40, 60 e 100 ppm. A carga normal de contacto foi fixada em 120 N. As perdas de potência apresentaram valores mais elevados à velocidade de deslizamento de 1,1 m/s do que a 0,63 m/s. A 0,63 m/s, observou-se que as perdas máximas de potência aumentaram de 9 watts para o óleo sem contaminantes para 12 watts a 40 ppm e para 24 watts a 100 ppm.

3.2.2.5 Película de óleo de fronteira contaminada com partículas de chumbo

A Figura 3.13 ilustra a relação entre as perdas de potência e o ângulo da manivela, para duas velocidades de deslizamento recíprocas. O tamanho do grão foi fixado em 20 μm. O óleo mineral lubrificante foi S.A.E. 20W50. As concentrações de chumbo foram escolhidas para serem de 40, 60 e 100 ppm. A carga normal de contacto foi fixada em

120 N. Os resultados experimentais mostraram um aumento considerável das perdas de potência com o aumento das concentrações de partículas. Como tendência geral, observou-se que as perdas de potência atingiram o seu pico a meio do curso, onde a velocidade recíproca atingiu o seu máximo e, consequentemente, a espessura da película de óleo e o cisalhamento viscoso, e o seu mínimo nas localizações T.D.C. e B.T.C., onde a velocidade e a película de óleo são criticamente baixas. Além disso, as perdas de potência aumentaram com o aumento da velocidade de deslizamento. Este comportamento pode ser atribuído ao aumento da resistência ao cisalhamento viscoso devido ao aumento da velocidade recíproca. A 0,63 m/s, observou-se que as perdas máximas de potência aumentaram de 9 watts para o óleo sem contaminantes para 14 watts a 40 ppm e para 20 watts a 100 ppm. A 1,1 m/s, registou-se um aumento das perdas máximas de potência de 12,5 watts para o óleo sem contaminantes para 19 watts a 40 ppm e para 30 watts a 100 ppm.

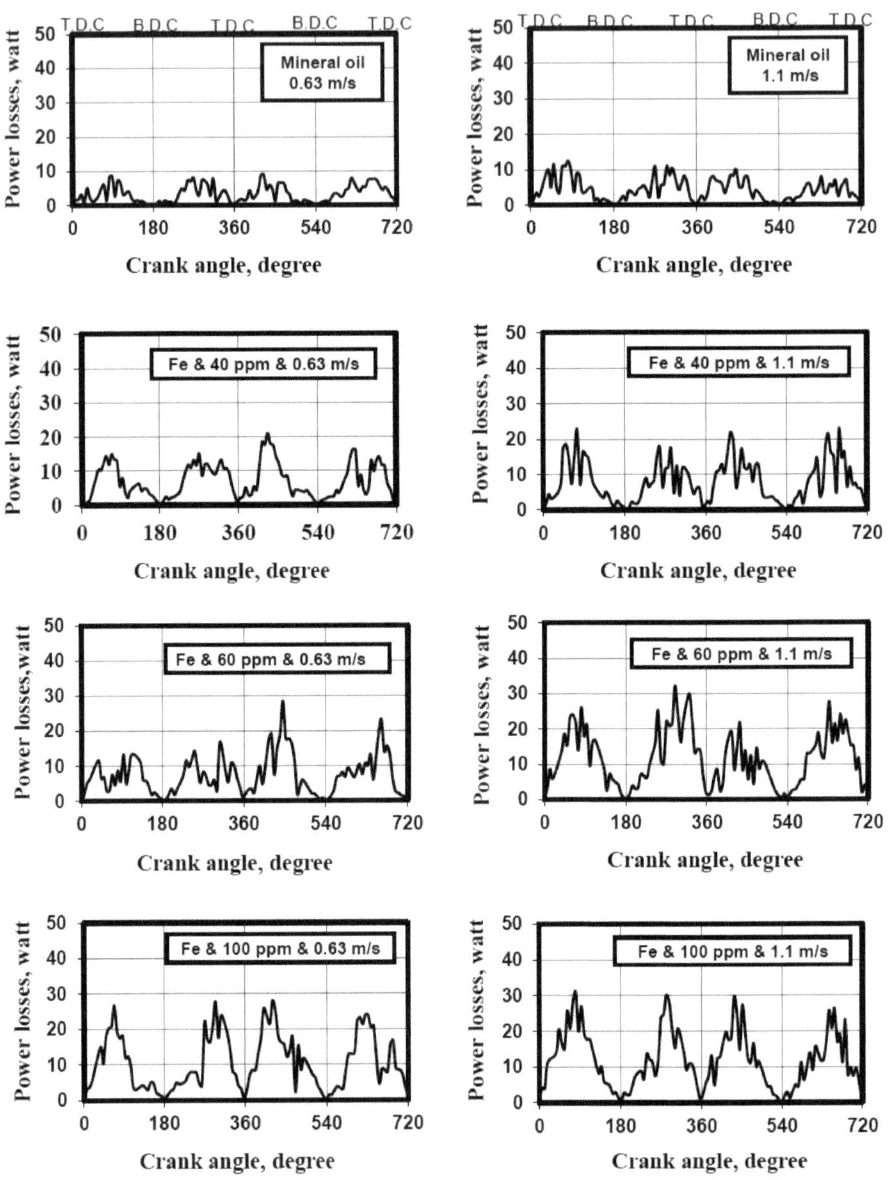

Fig. 3.9: Efeito da concentração de ferro de 20 μm de tamanho de grão nas perdas de potência a cargas de contacto de 120 N.

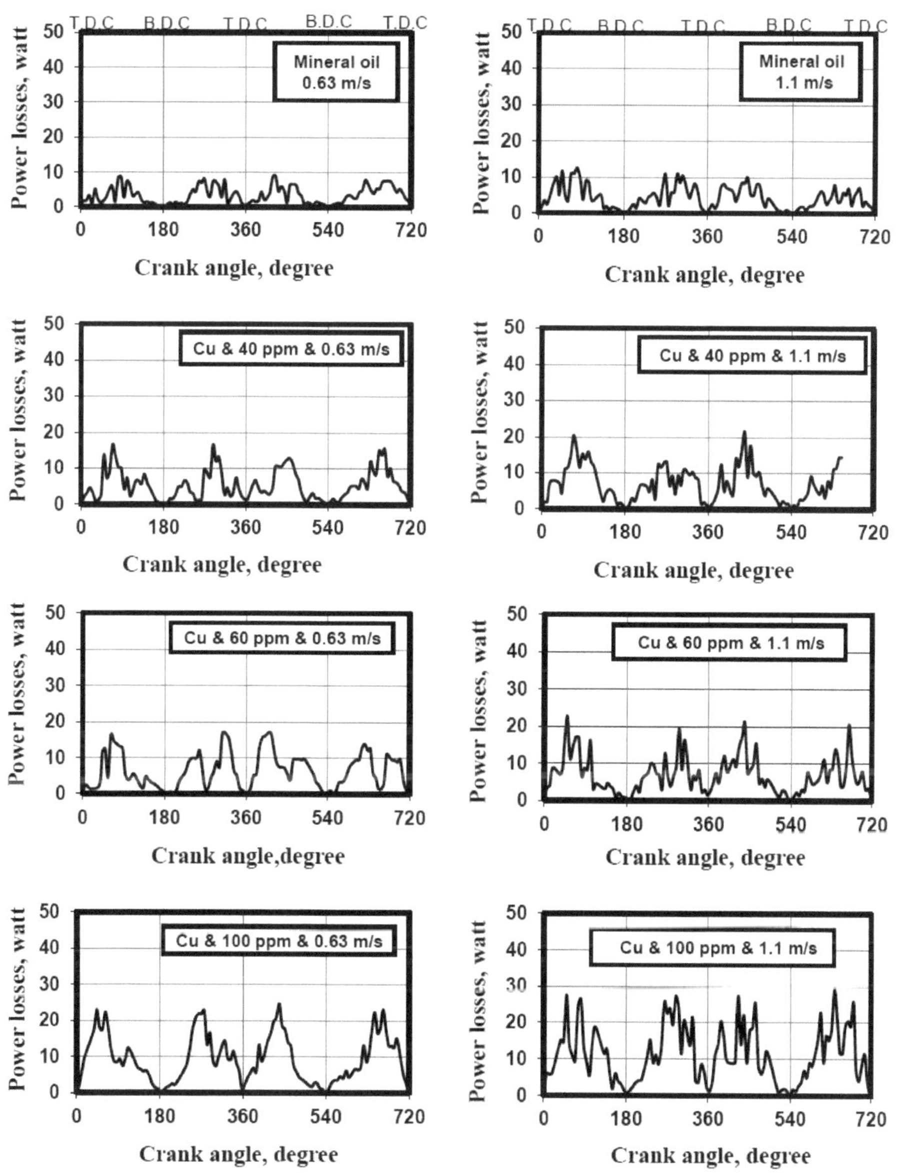

Fig. 3.10: Efeito da concentração de cobre de 20 μm de tamanho de grão nas perdas de potência a cargas de contacto de 120 N.

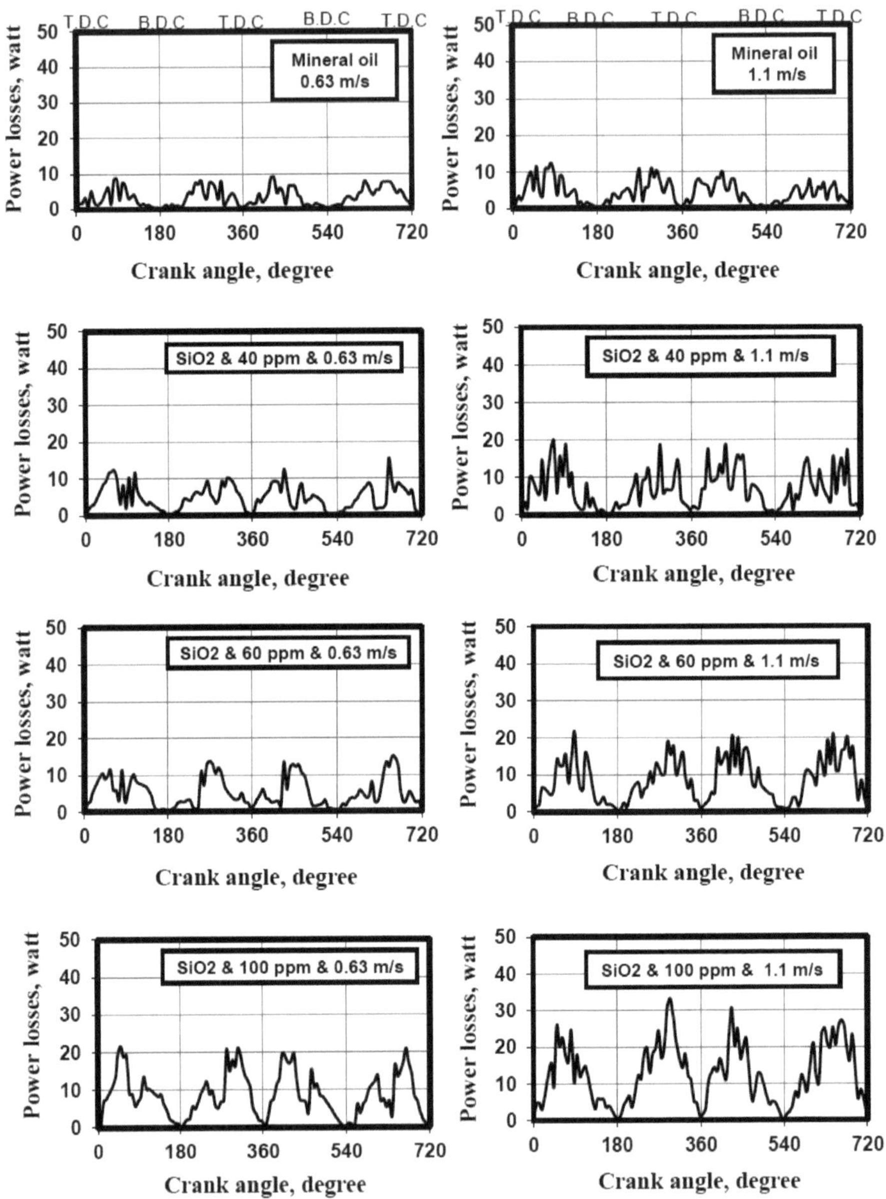

Fig. 3.11: Efeito da concentração de óxido de silício com um tamanho de grão de 20 μm nas perdas de potência a cargas de contacto de 120 N.

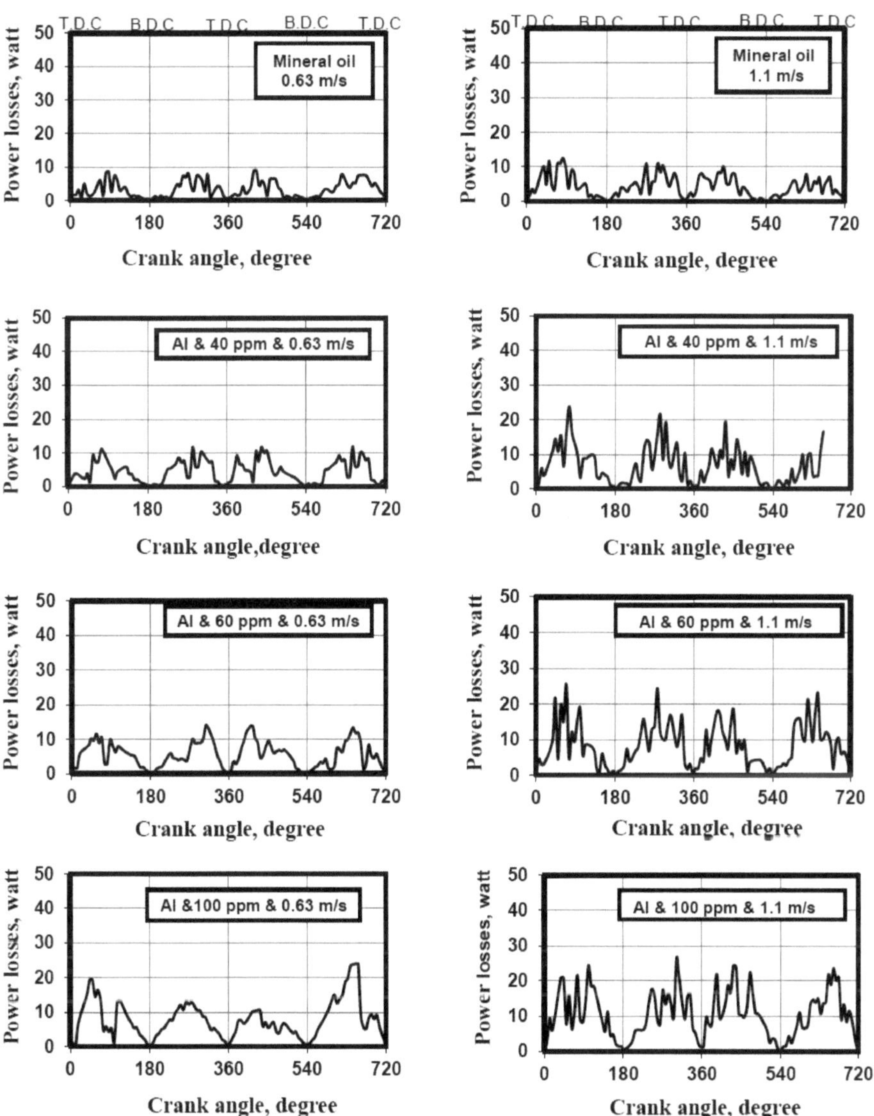

Fig. 3.12: Efeito da concentração de alumínio de granulometria 20 μm nas perdas de potência a cargas de contacto de 120 N.

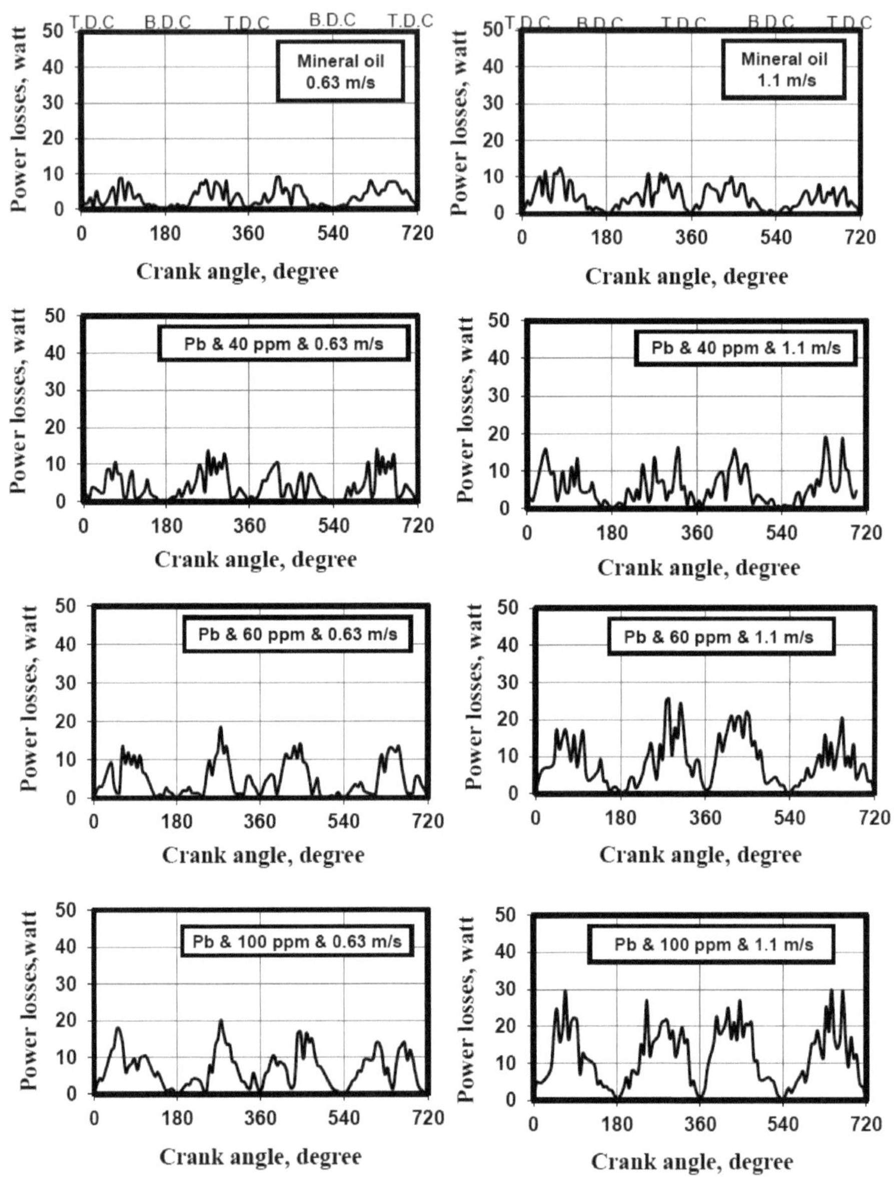

Fig. 3.13: Efeito da concentração de chumbo de 20 μm de tamanho de grão nas perdas de potência a cargas de contacto de 120 N.

3.2.3Efeito das concentrações de contaminantes no coeficiente de atrito do limite

Os mecanismos de atrito estão activos numa combinação de anel/camada. O mecanismo de atrito ativo na proximidade dos pontos mortos do movimento do pistão é uma combinação de lubrificação limite ou mista com uma película lubrificante adicional relacionada com o efeito de compressão nos pontos mortos, enquanto o mecanismo de atrito ativo a meio do curso do movimento do pistão está próximo da lubrificação hidrodinâmica [51, 52].

3.2.3.1 Película de óleo de fronteira contaminada com partículas de ferro

A Figura 3.14 mostra o efeito das concentrações de partículas de ferro na força de atrito da combinação anel de pistão / camisa de cilindro a duas velocidades de deslizamento recíprocas diferentes e uma carga normal de contacto de 120 N. O tamanho do grão foi fixado em 20 µm. O óleo mineral lubrificante foi S.A.E. 20W50. As concentrações de ferro foram escolhidas para serem de 40, 60 e 100 ppm. O óleo sem contaminantes apresentou uma força de fricção de valores relevantes em comparação com o óleo contaminado. Em geral, a força de fricção atingiu o seu pico nos locais T.D.C. e B.D.C. do movimento do pistão, devido à baixa velocidade crítica e, consequentemente, ao fraco acesso do óleo a estes locais. Além disso, os resultados mostram que o coeficiente de atrito limite aumenta com o aumento das concentrações de partículas. A razão é explicada pelo aumento da quantidade de partículas que alterou a geometria abrasiva (número e tamanho do contacto) da interface. Além disso, observou-se que o coeficiente de atrito limite diminui com o aumento da velocidade de deslizamento recíproco devido ao efeito do aumento da espessura da película de óleo. Por exemplo, a 0,63 m/s, observou-se que o coeficiente de fricção médio aumentou de 0,04 para o óleo sem contaminantes para 0,1 a 40 ppm e para 0,12 a 100 ppm. A 1,1 m/s, registou-se um aumento do coeficiente de fricção médio de 0,038 para o óleo sem contaminantes para 0,06 a 40 ppm e para 0,1 a 100 ppm. Além disso, o óleo sem contaminantes a uma velocidade de deslizamento de 0,63 m/s, os valores de pico nas localizações T.D.C. e B.D.C. foram registados na gama de 0,09 a 0,1. Além disso, para a concentração de 100 ppm, os valores de pico nas localizações T.D.C. e B.D.C. foram de 0,2 a 0,24.

3.2.3.2 Película de óleo de fronteira contaminada com partículas de cobre

A Figura 3.15 mostra uma comparação entre os coeficientes de atrito limite de duas velocidades de deslizamento diferentes para ilustrar o impacto das partículas de cobre no coeficiente de atrito. Os dados são os apresentados na figura. Observou-se que o coeficiente de atrito da combinação anel de pistão/camisa de cilindro, através da película de fronteira contaminada com cobre, aumentou com o aumento da intensidade das partículas de cobre (ppm). O aumento registado no coeficiente de atrito a concentrações mais elevadas de cobre está fortemente relacionado com a ação abrasiva das partículas de cobre, resultante do endurecimento e afiação dos bordos das partículas devido à sua fratura. Por exemplo, a 0,63 m/s, observou-se que o coeficiente de fricção médio aumentou de 0,04 para o óleo sem contaminantes para 0,075 a 40 ppm e para 0,13 a 100 ppm. A 1,1 m/s, registou-se um aumento do coeficiente de atrito médio de 0,038 para o óleo sem contaminantes para 0,06 a 40 ppm e para 0,1 a 100 ppm.

3.2.3.3 Película de óleo de fronteira contaminada com partículas de óxido de silício

A Figura 3.16 mostra o efeito das concentrações de partículas de óxido de silício no coeficiente de atrito limite da combinação anel de pistão/camisa de cilindro a duas velocidades de deslizamento recíprocas diferentes e uma carga normal de contacto de 120 N. O tamanho do grão foi variado até 20 μm. O óleo mineral lubrificante foi S.A.E. 20W50**.** As concentrações de óxido de silício foram escolhidas para serem de 40, 60 e 100 ppm. O óleo isento de contaminantes apresentou coeficientes de atrito de valores relevantes em comparação com o óleo contaminado. Mais uma vez, o coeficiente de atrito limite atingiu o seu pico nos locais T.D.C. e B.D.C. do movimento do pistão, devido à baixa velocidade crítica e, consequentemente, ao fraco acesso do óleo a estes locais. Observou-se que a força de atrito aumenta com o aumento da concentração de partículas de óxido de silício, devido à sua ação abrasiva. Observou-se que os coeficientes de atrito de fronteira aumentam com o aumento das concentrações. Além disso, os coeficientes de atrito limite diminuíram com o aumento da velocidade de deslizamento. A queda nos valores dos coeficientes de atrito a uma velocidade de deslizamento elevada de 1,1 m/s pode dever-se ao aumento substancial da espessura da película de óleo entre o anel do pistão e a combinação do revestimento. Por exemplo, a 0,63 m/s, observou-se que o coeficiente de atrito médio aumentou de 0,04 para o óleo sem contaminantes para 0,068 a 40 ppm e para 0,12 a 100 ppm. A 1,1 m/s, registou-se um aumento do coeficiente de atrito médio de 0,038 para o óleo sem contaminante para 0,06 a 40 ppm e para 0,09 a 100 ppm. Além disso, a comparação dos coeficientes de atrito médio e máximo do limite para o ferro, cobre, e óxido de silício revelou uma diminuição modesta e gradual do coeficiente de atrito. No caso do óxido de silício, este facto pode dever-se à tendência das partículas duras de óxido de silício para rolarem em vez de deslizarem, o que permitiu atenuar a incidência do processo de lavra e fricção.

3.2.3.4 Película de óleo contaminada com partículas de alumínio

A Figura 3.17 indica as comparações do coeficiente de atrito limite com a variação do ângulo da manivela para duas velocidades de deslizamento recíprocas diferentes. Os dados experimentais são os apresentados na figura. Os resultados mostraram que o coeficiente de atrito limite aumentou com o aumento da concentração de partículas de alumínio. De um modo geral, o coeficiente de atrito limite diminuiu com o aumento da velocidade de deslizamento recíproco, devido ao efeito do aumento da espessura da película de óleo entre as duas superfícies de fricção. Por exemplo, a 0,63 m/s, observou-se que o coeficiente de fricção médio aumentou de 0,04 para o óleo sem contaminantes para 0,06 a 40 ppm e para 0,09 a 100 ppm. A 1,1 m/s, registou-se um aumento do coeficiente de atrito médio de 0,038 para o óleo sem contaminante para 0,055 a 40 ppm e para 0,085 a 100 ppm.

3.2.3.5 Película de óleo de fronteira contaminada com partículas de chumbo

A Figura 3.18 mostra o efeito das concentrações de partículas de chumbo no coeficiente de atrito limite da combinação anel de pistão/camisa de cilindro a duas velocidades de deslizamento recíprocas diferentes e uma carga normal de contacto de 120 N. O tamanho do grão foi fixado em 20 μm. O óleo mineral lubrificante foi S.A.E. 20W50. As concentrações de chumbo foram escolhidas para serem de 40, 60 e 100 ppm. O óleo isento de contaminantes apresentou coeficientes de fricção de valores relevantes em comparação com o óleo contaminado. O coeficiente de fricção limite apresentou uma diminuição considerável do valor com o aumento da velocidade de deslizamento. A razão pode estar relacionada com o aumento da espessura da película de óleo, que aumentou a separação entre as duas superfícies de fricção e atenuou o efeito de arado dos contaminantes. Por exemplo, a 0,63 m/s, observou-se que o coeficiente de fricção médio aumentou de 0,04 para o óleo sem contaminantes para 0,05 a 40 ppm e para 0,087 a 100 ppm. A 1,1 m/s, registou-se um aumento do coeficiente de atrito máximo de 0,038 para o óleo sem contaminantes para 0,047 a 40 ppm e para 0,09 a 100 ppm.

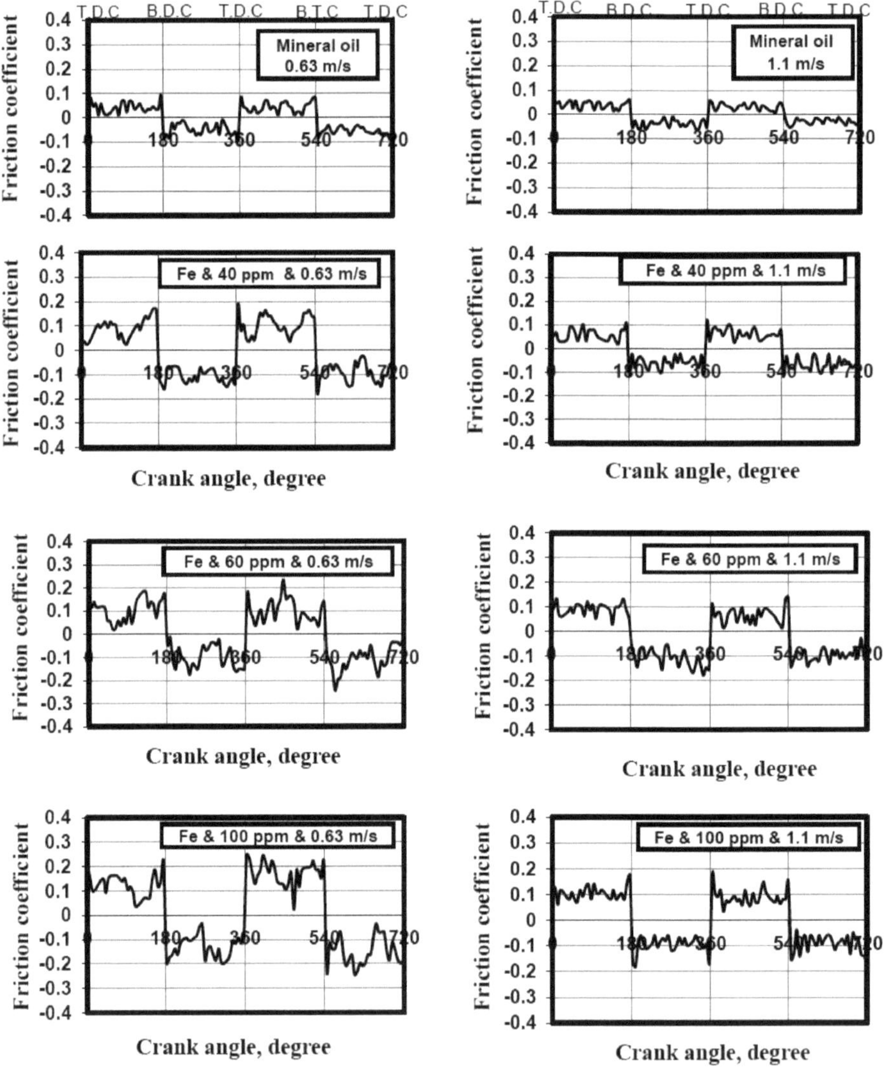

Fig. 3.14: Efeito da concentração de ferro com um tamanho de grão de 20 μm no coeficiente de atrito limite com cargas de contacto de 120 N.

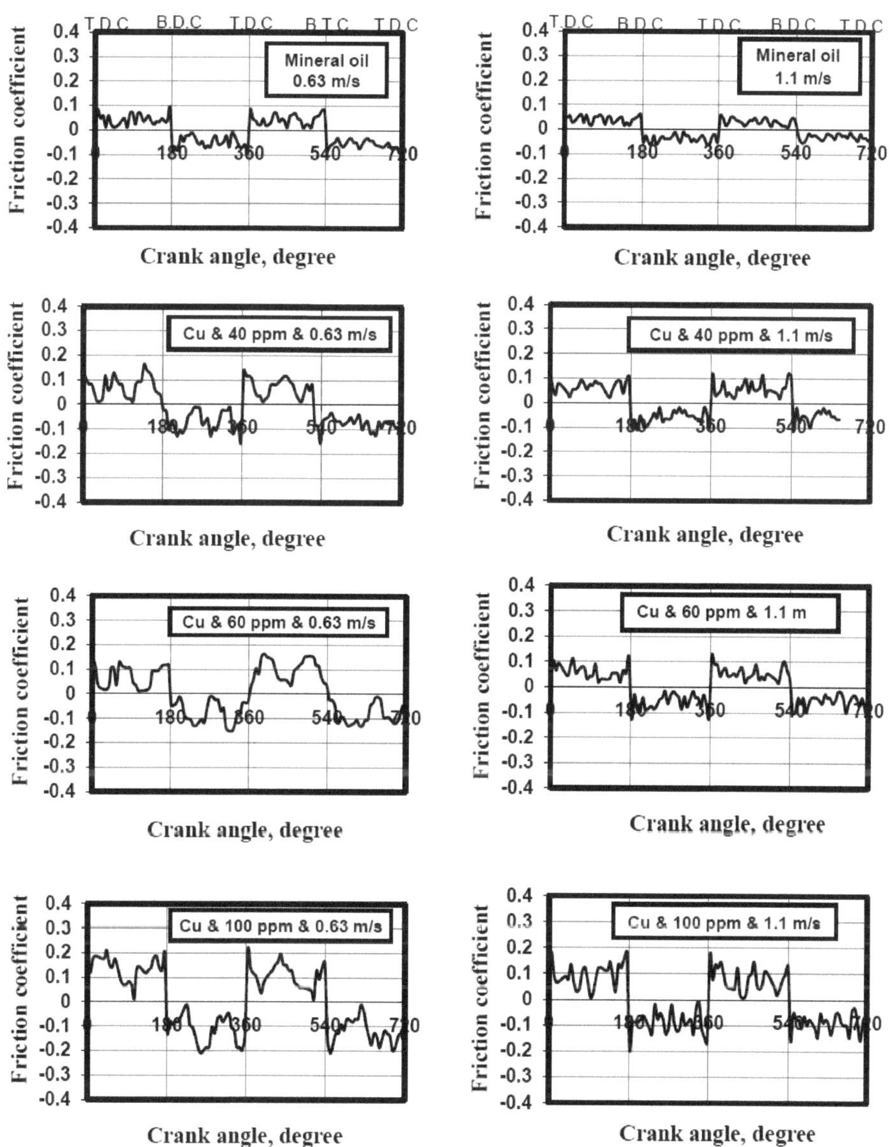

Fig. 3.15: Efeito da concentração de cobre com um tamanho de grão de 20 μm no coeficiente de atrito limite com cargas de contacto de 120 N.

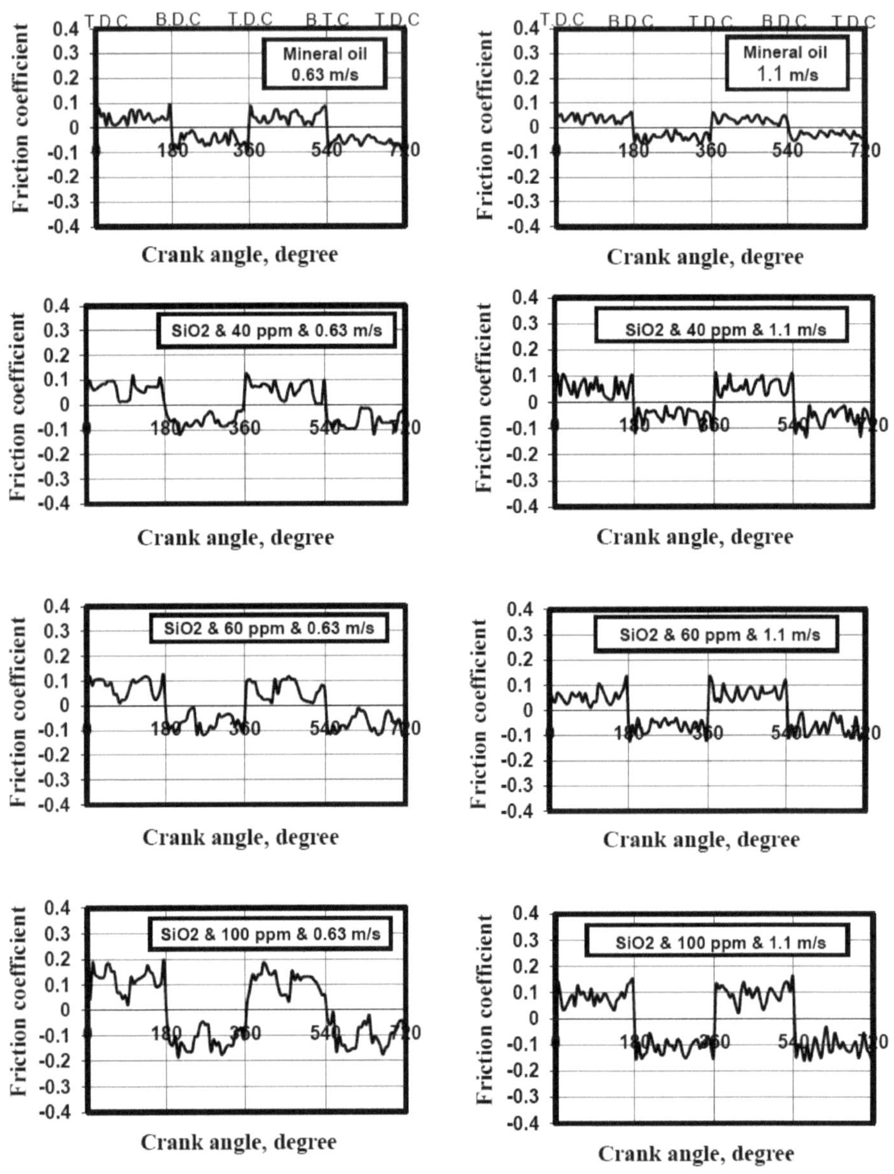

Fig. 3.16: Efeito da concentração de óxido de silício com um tamanho de grão de 20 μm no coeficiente de atrito limite com cargas de contacto de 120 N.

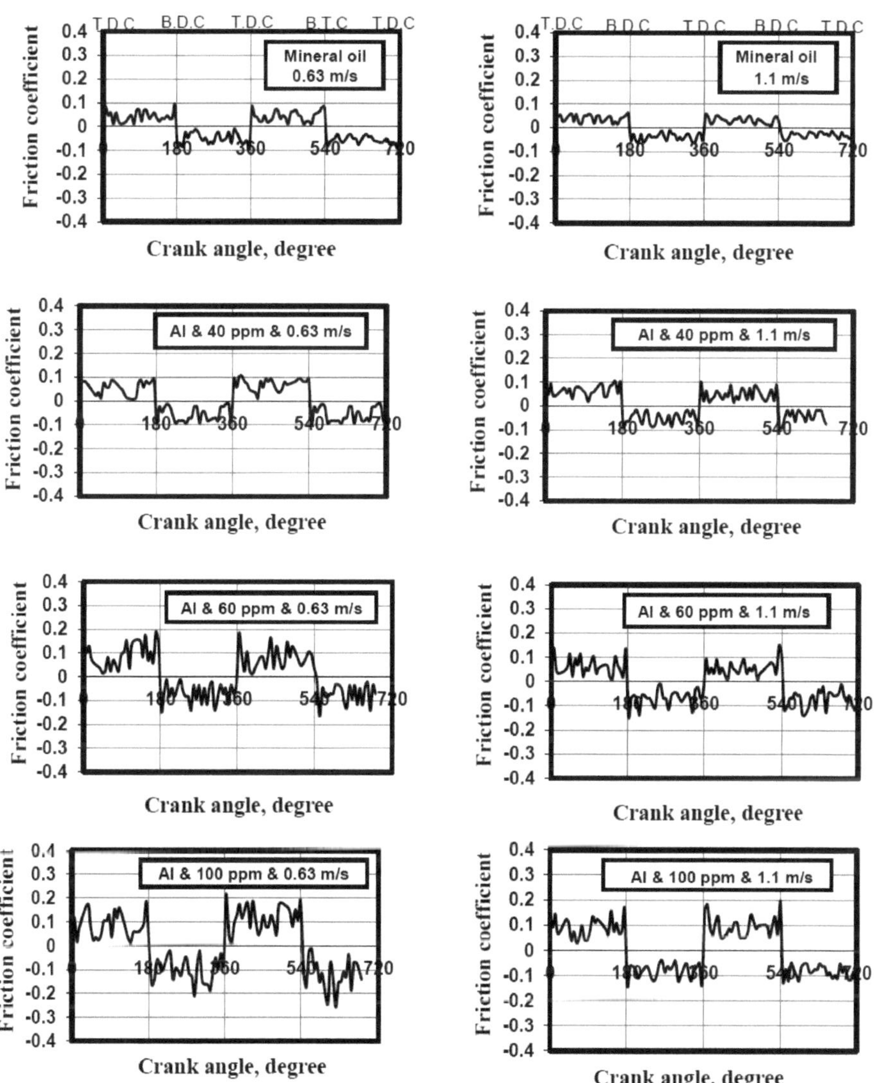

Fig. 3.17: Efeito da concentração de alumínio com um tamanho de grão de 20 μm no coeficiente de atrito limite com cargas de contacto de 120 N.

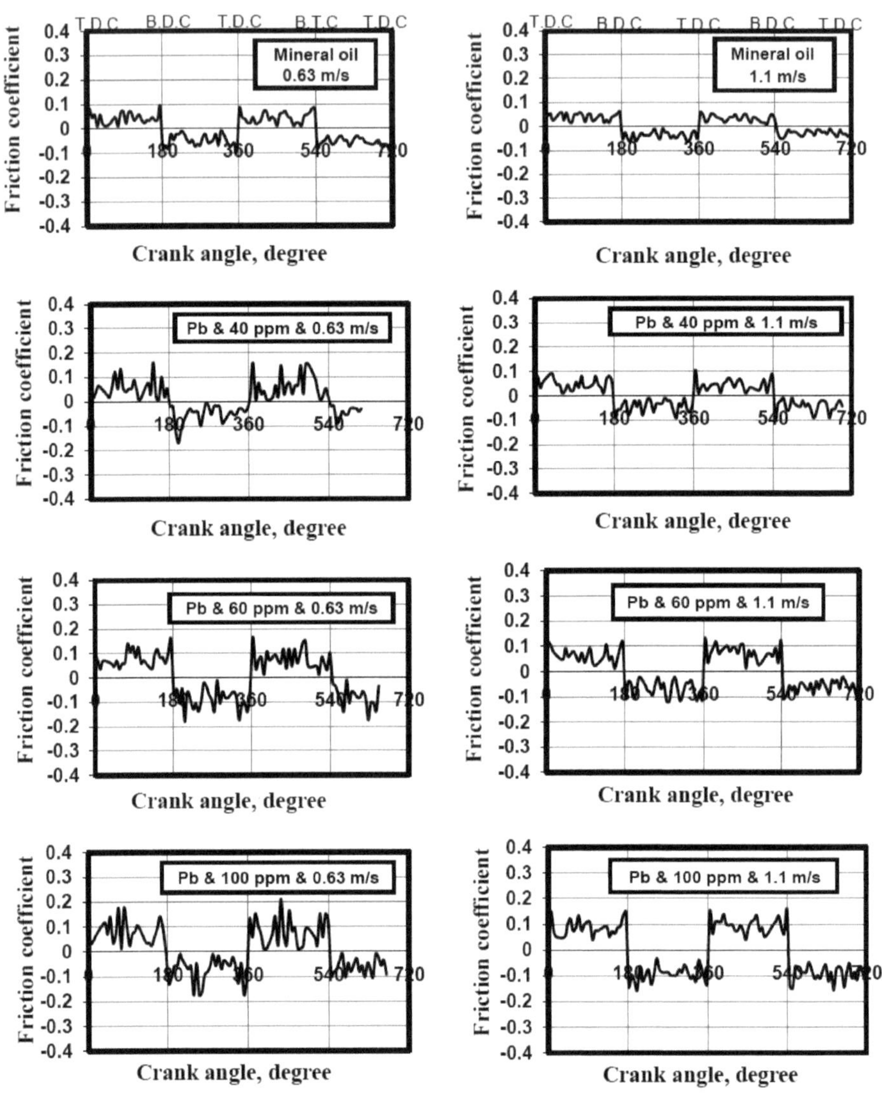

Fig. 3.18: Efeito da concentração de chumbo com um tamanho de grão de 20 μm no coeficiente de atrito limite com cargas de contacto de 120 N.

3.3 Efeito da granulometria dos contaminantes nas perdas de potência e no coeficiente de atrito da combinação anel do pistão / camisa do cilindro

3.3.1 Efeito da granulometria dos contaminantes nas perdas de potência

3.3.1.1 Película de óleo de fronteira contaminada com partículas de ferro

A Figura 3.19 mostra o efeito da granulometria das partículas de ferro nas perdas de potência por fricção a uma velocidade de deslizamento recíproca de 0,63 m/s. As dimensões dos grãos das partículas foram fixadas em 20 e 40 µm. O óleo mineral lubrificante foi o S.A.E. 20W50. As concentrações de ferro foram escolhidas para serem de 40, 60 e 100 ppm. A carga normal de contacto foi fixada em 120 N. De um modo geral, os resultados mostraram que as perdas de potência atingiram o seu pico a meio do curso e os seus valores baixos nas localizações T.D.C. e B.T.C.. Observou-se que as perdas de potência aumentam à medida que o tamanho do grão aumenta. Por exemplo, a uma granulometria de 20µm, observou-se que as perdas máximas de potência aumentaram de 9 watts para o óleo sem contaminantes para 21 watts a 40 ppm e para 28 watts a 100 ppm. Na granulometria de 40 pm, registou-se um aumento das perdas máximas de potência de 9 watts para o óleo sem contaminantes para 23 watts a 40 ppm e para 34 watts a 100 ppm. A redução dos valores das perdas de potência quando se utilizaram partículas pequenas pode ter duas explicações diferentes: uma é que, com partículas pequenas, a geometria da indentação é pequena (o número e o tamanho do contacto abrasivo). A outra explicação sugere que, com pequenas partículas abrasivas, a obstrução do sistema de deslizamento por partículas de desgaste abrasivas pode ser provável, o que reduz os seus efeitos prejudiciais. Além disso, observou-se que as perdas de potência aumentavam com o aumento da concentração de partículas.

3.3.1.2 Película de óleo de fronteira contaminada com partículas de cobre

A Figura 3.20 mostra o efeito da granulometria das partículas de cobre nas perdas de potência por fricção a uma velocidade de deslizamento recíproca de 0,63 m/s. As dimensões dos grãos das partículas foram fixadas em 20 µm e 40 µm. O óleo mineral lubrificante foi S.A.E. 20W50.

As concentrações de cobre foram escolhidas como sendo de 40, 60 e 100 ppm. A carga normal de contacto foi fixada em 120 N. Em geral, os resultados mostraram que as perdas de potência atingiram o seu pico a meio do curso e os seus valores baixos nas localizações T.D.C. e B.T.C.. Observou-se que as perdas de potência aumentam à medida que o tamanho do grão aumenta. Por exemplo, com uma granulometria de 20 pm, observou-se que as perdas máximas de potência aumentaram de 9 watts para o óleo sem contaminantes para 16,6 watts a 40 ppm e para 24,7 watts a 100 ppm. Na granulometria de 40 pm, registou-se um aumento das perdas máximas de potência de 9 watts para o óleo sem contaminantes para 19 watts a 40 ppm e para 26,8 watts a 100 ppm. O efeito prejudicial observado com as partículas de granulometria mais elevada pode dever-se ao efeito impressionante da ação de abrasão das partículas. Além disso, as perdas de potência aumentaram com o aumento da concentração de partículas.

3.3.1.3 Película de óleo contaminada com partículas de alumínio

A Figura 3.21 mostra o efeito da granulometria das partículas de alumínio nas perdas de potência por fricção a uma velocidade de deslizamento recíproca de 0,63 m/s. As dimensões dos grãos das partículas foram fixadas em 20 µm e 40 µm. O óleo mineral lubrificante foi S.A.E. 20W50. As concentrações de alumínio foram escolhidas para serem de 40, 60 e 100 ppm. A carga normal de contacto foi fixada em 120 N. Mais uma vez, os resultados mostraram que as perdas de potência atingiram o seu pico a meio do curso e os seus valores baixos nas localizações T.D.C. e B.T.C.. Observou-se que as perdas de potência aumentam com o aumento da granulometria e com o aumento da concentração de partículas. Por exemplo, com uma granulometria de 20 pm, observou-se que as perdas máximas de potência aumentaram de 9 watts para o óleo sem contaminantes para 11,8 watts a 40 ppm e para 24 watts a 100 ppm. Com uma granulometria de 40 pm, registou-se um aumento das perdas máximas de potência de 9 watts para o óleo sem contaminantes para 19,6 watts a 40 ppm e para 24 watts a 100 ppm. As perdas de potência apresentaram valores baixos com contaminantes de alumínio em comparação com os contaminantes de ferro e cobre devido à sua baixa dureza.

3.3.1.4 Película de óleo de fronteira contaminada com partículas de chumbo

A Figura 3.22 mostra o efeito da granulometria das partículas de chumbo nas perdas de potência por fricção a uma velocidade de deslizamento recíproca de 0,63 m/s. As dimensões dos grãos das partículas foram fixadas em 20 μm e 40 μm. O óleo mineral lubrificante foi S.A.E. 20W50. As concentrações de chumbo foram escolhidas como sendo de 40, 60 e 100 ppm. A carga normal de contacto foi fixada em 120 N. Mais uma vez, os resultados mostraram que as perdas de potência atingiram o seu pico a meio do curso e os seus valores baixos nas localizações T.D.C. e B.T.C.. Observou-se que as perdas de potência aumentam com o aumento da granulometria e com o aumento da concentração de partículas. Por exemplo, com uma granulometria de 20 pm, observou-se que as perdas máximas de potência aumentaram de 9 watts para o óleo sem contaminantes para 14 watts a 40 ppm e para 20 watts a 100 ppm. Na granulometria de 40 pm, registou-se um aumento das perdas máximas de potência de 9 watts para o óleo sem contaminantes para 17 watts a 40 ppm e para 22,2 watts a 100 ppm. As perdas de potência apresentaram valores baixos com os contaminantes de chumbo em comparação com os contaminantes de ferro e cobre e relativamente com o alumínio devido à sua dureza muito baixa.

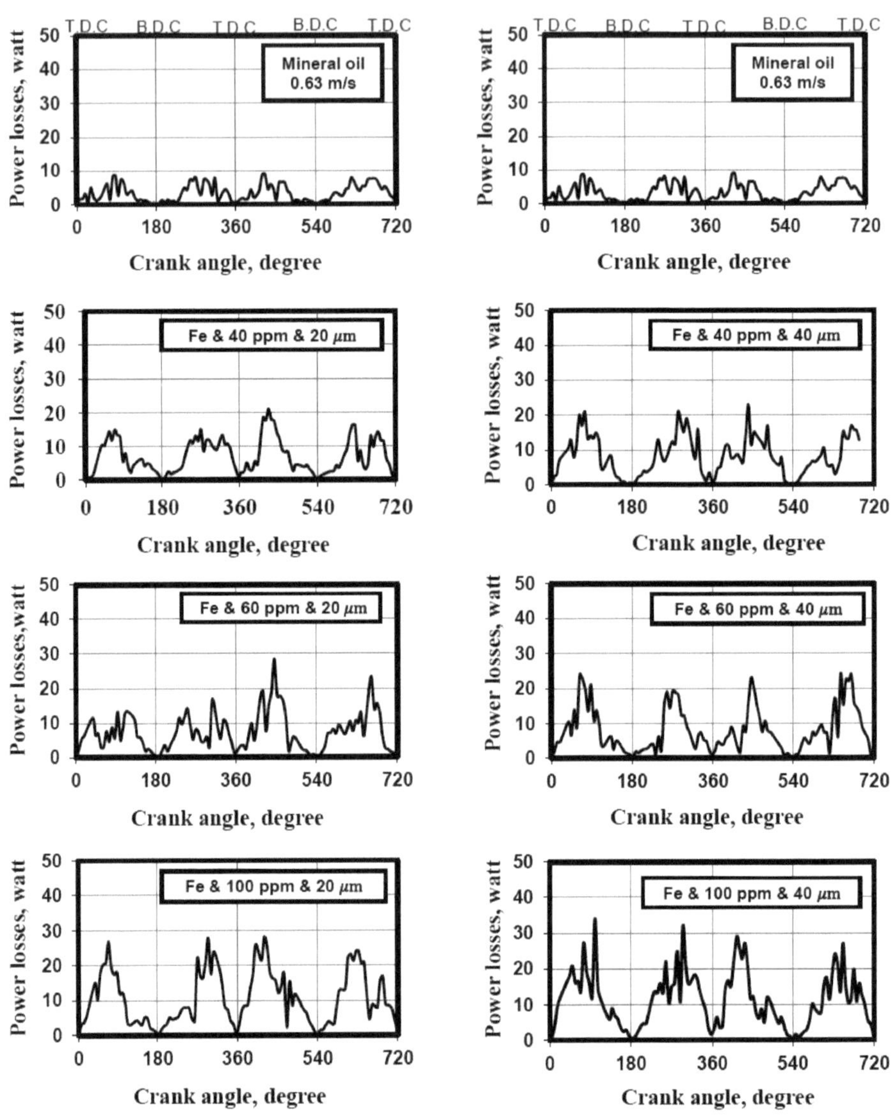

Fig.3.19: Efeito da granulometria dos contaminantes de ferro nas perdas de potência à carga normal de 120 N, velocidade de 0,63 m/s.

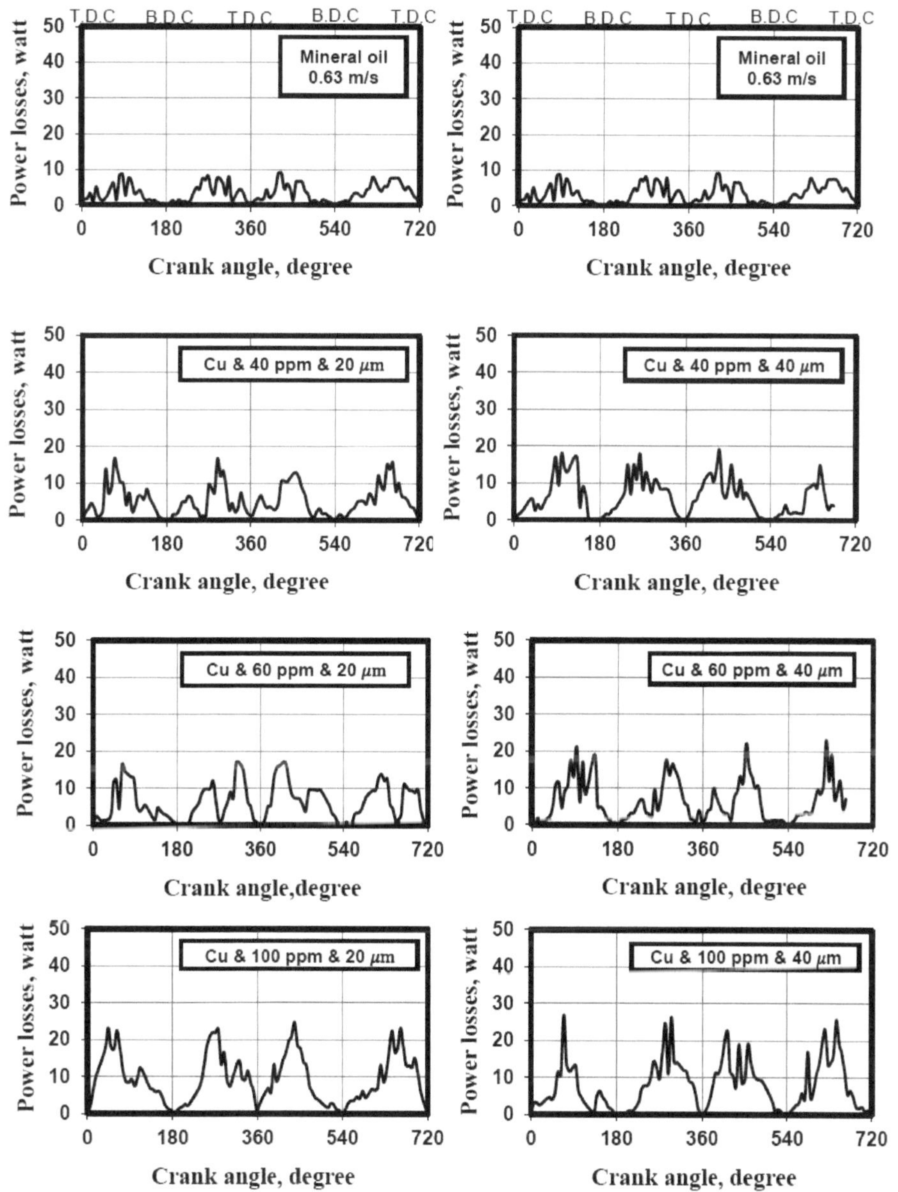

Fig.3.20: Efeito da granulometria dos contaminantes de cobre nas perdas de potência à carga normal de 120 N, velocidade de 0,63 m/s.

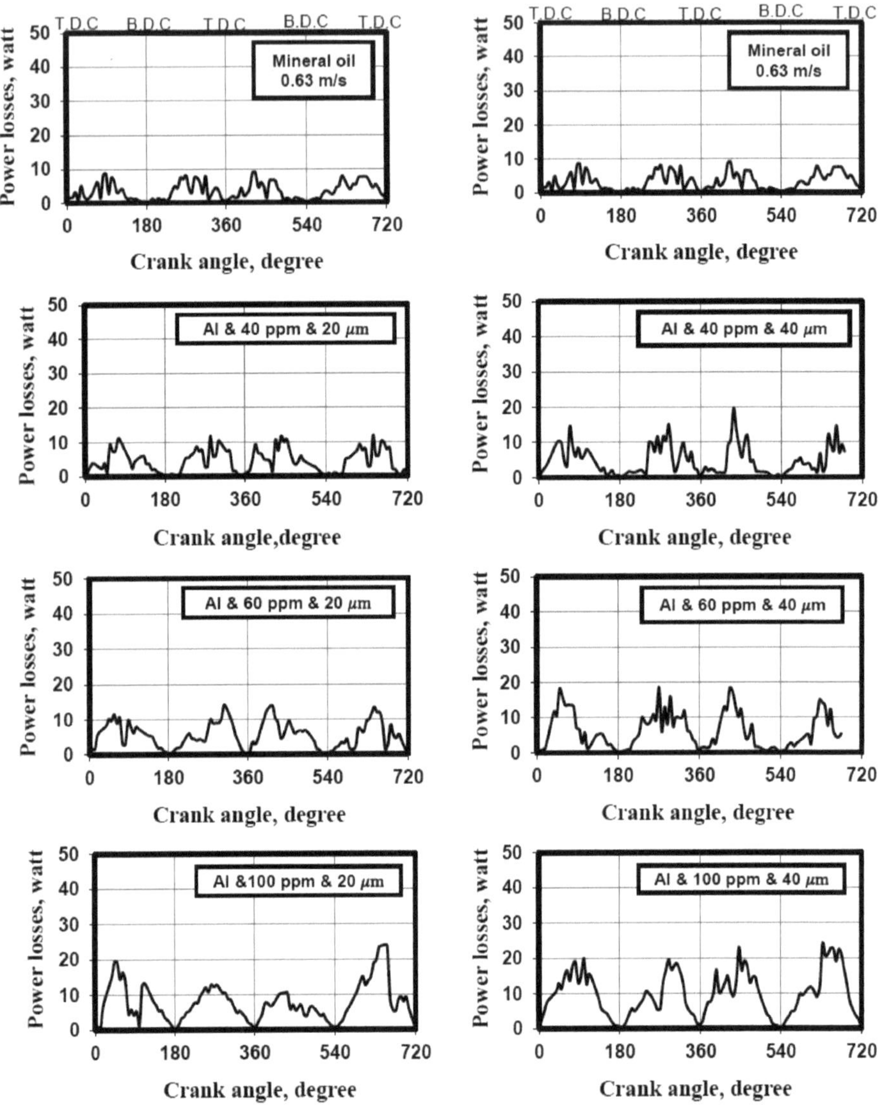

Fig.3.21: Efeito da granulometria dos contaminantes de alumínio nas perdas de potência à carga normal de 120 N, velocidade de 0,63 m/s.

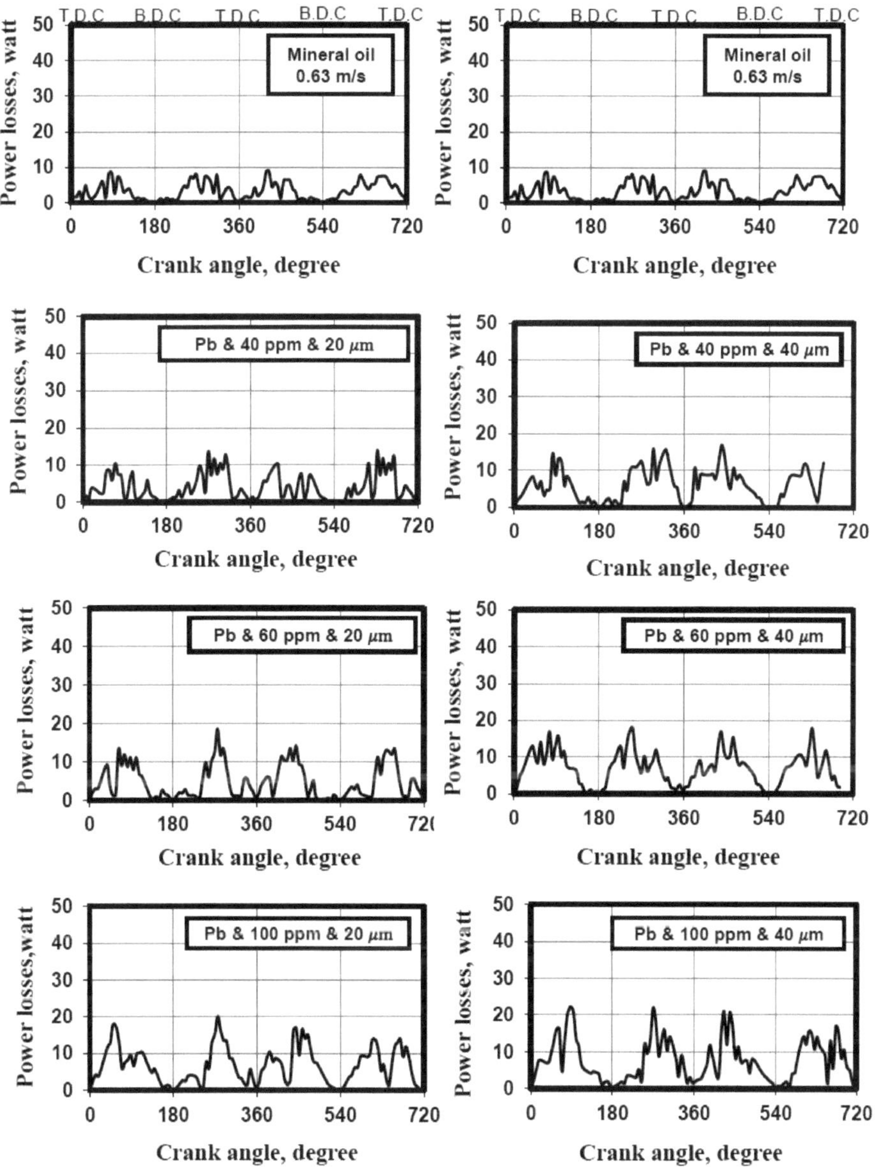

Fig.3.22: Efeito da granulometria dos contaminantes de chumbo nas perdas de potência à carga normal de 120 N, velocidade de 0,63 m/s.

3.3.2 Efeito da granulometria dos contaminantes no coeficiente de atrito limite

3.3.2.1 Película de óleo de fronteira contaminada com partículas de ferro

A Figura 3.23 mostra o efeito da granulometria dos contaminantes de ferro no coeficiente de atrito limite com uma carga normal de contacto de 120 N e uma velocidade recíproca de 0,63 m/s. As partículas tinham tamanhos de grão de 20 e 40 µm. De um modo geral, os resultados mostraram os seus picos nas localizações T.D.C. e B.T.C. e os seus valores relativamente baixos a meio do curso. Observou-se que o coeficiente de atrito de fronteira aumenta com o aumento do tamanho do grão e com o aumento das concentrações. Com uma granulometria de 20 pm, observou-se que o coeficiente médio de fricção no limite variava de 0,04 com óleo sem contaminantes para 0,1 a 40 ppm e para 0,12 a 100 ppm. Com uma granulometria de 40 pm, o coeficiente médio de fricção no limite mudou de 0,04 com óleo sem contaminante para 0,1 a 40 ppm e para 0,14 a 100 ppm.

3.3.2.2 Película de óleo de fronteira contaminada com partículas de cobre

A Figura 3.24 mostra a relação entre o coeficiente de atrito limite e o ângulo da manivela, para ilustrar o impacto da granulometria dos contaminantes de cobre no coeficiente de atrito limite. Os dados de ensaio foram os indicados na figura. Os resultados mostraram novamente que o coeficiente de atrito no limite aumenta com o aumento da granulometria dos contaminantes. Além disso, observou-se que o coeficiente de atrito médio aumenta com o aumento das concentrações de contaminantes, devido ao efeito da ação abrasiva. Por exemplo, a uma granulometria de 20 µm, o coeficiente de fricção médio apresentou um valor de 0,04 com óleo sem contaminantes, para 0,075 a 40 ppm e para 0,13 a 100 ppm. Com uma granulometria de 40 µm, o coeficiente médio de fricção do limite foi alterado de 0,04 com óleo sem contaminante para 0,06 a 40 ppm e para 0,107 a 100 ppm.

3.3.2.3 Película de óleo contaminada com partículas de alumínio

A Figura 3.25 ilustra o efeito da granulometria dos contaminantes de alumínio no coeficiente de atrito limite com uma carga normal de contacto de 120 N e uma velocidade recíproca de 0,63 m/s. As concentrações variaram de 40 ppm a 100 ppm.

As partículas tinham tamanhos de grão de 20 e 40 μm. Foi observado um aumento substancial do coeficiente de fricção do limite com o aumento da dimensão do grão e das concentrações de alumínio. Para o exemplo , a 20 μm de tamanho de grão, o coeficiente médio de fricção de limite mostrou um valor de 0,04 com óleo sem contaminantes para 0,058 a 40 ppm e para 0,09 a 100 ppm. Com uma granulometria de 40 μm, o coeficiente médio de fricção do limite foi alterado de 0,04 com óleo sem contaminantes para 0,07 a 40 ppm e para 0,11 a 100 ppm. Os contaminantes de alumínio apresentaram os valores mais baixos do coeficiente de atrito limite em comparação com o ferro e o cobre, provavelmente devido às propriedades de baixa resistência do alumínio, que reduziram o efeito de corte e cisalhamento.

3.3.2.4 Película de óleo de fronteira contaminada com partículas de chumbo

A Figura 3.26 mostra a relação entre o coeficiente de atrito limite e o ângulo de manivela, para partículas contaminantes de chumbo. As partículas tinham tamanhos de grão de 20 e 40 μm. Os dados experimentais são os apresentados na figura. O coeficiente de atrito de fronteira mostrou um aumento substancial nos valores com o aumento do tamanho do grão. Por exemplo, no tamanho de grão de 20 μm, o coeficiente médio de atrito de fronteira mostrou um valor de 0,04 com óleo livre de contaminantes para 0,054 a 40 ppm e para 0,087 a 100 ppm. Com uma granulometria de 40 μm, o coeficiente de fricção limite médio foi alterado de 0,04 com óleo sem contaminantes para 0,07 a 40 ppm e para 0,11 a 100 ppm.

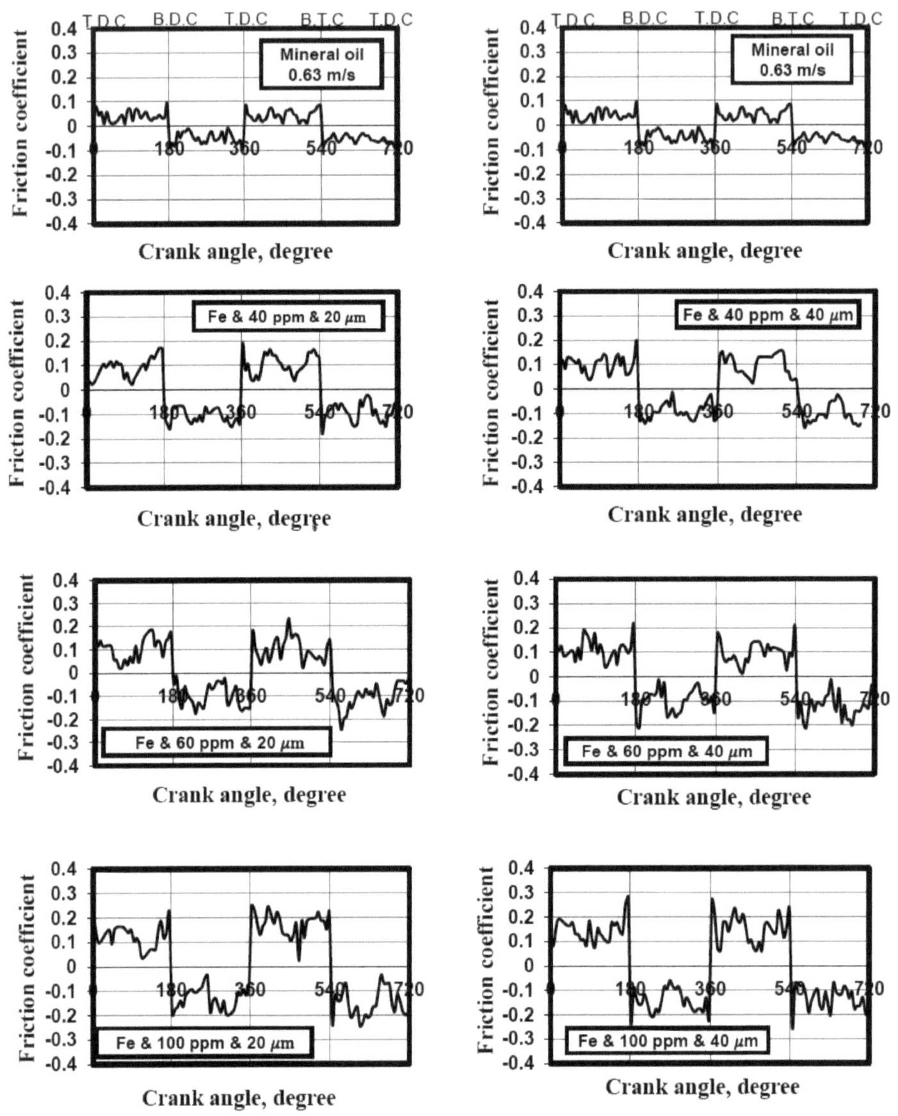

Fig.3.23: Efeito da granulometria dos contaminantes de ferro no coeficiente de atrito limite à carga normal de 120 N, velocidade de 0,63 m/s.

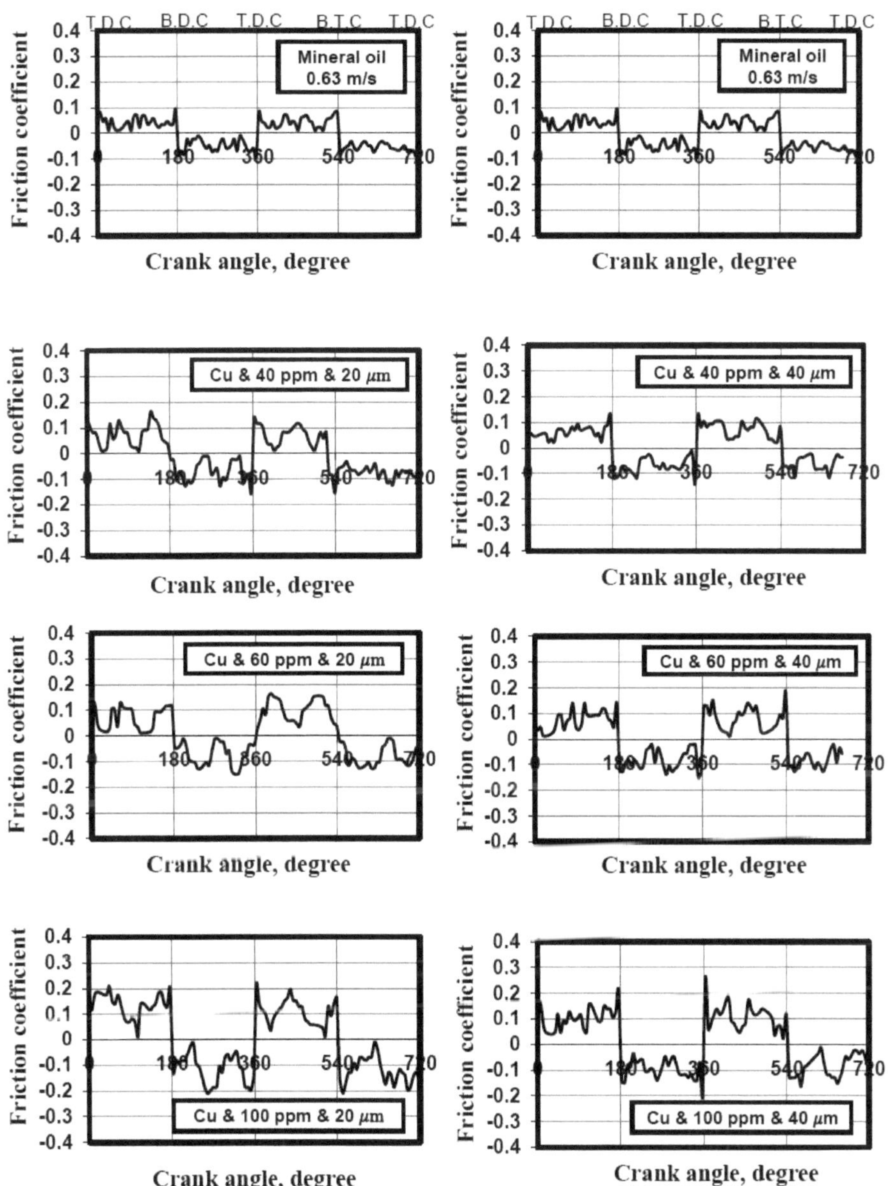

Fig.3.24: Efeito da granulometria dos contaminantes de cobre no coeficiente de atrito limite a uma carga normal de 120 N, velocidade de 0,63 m/s.

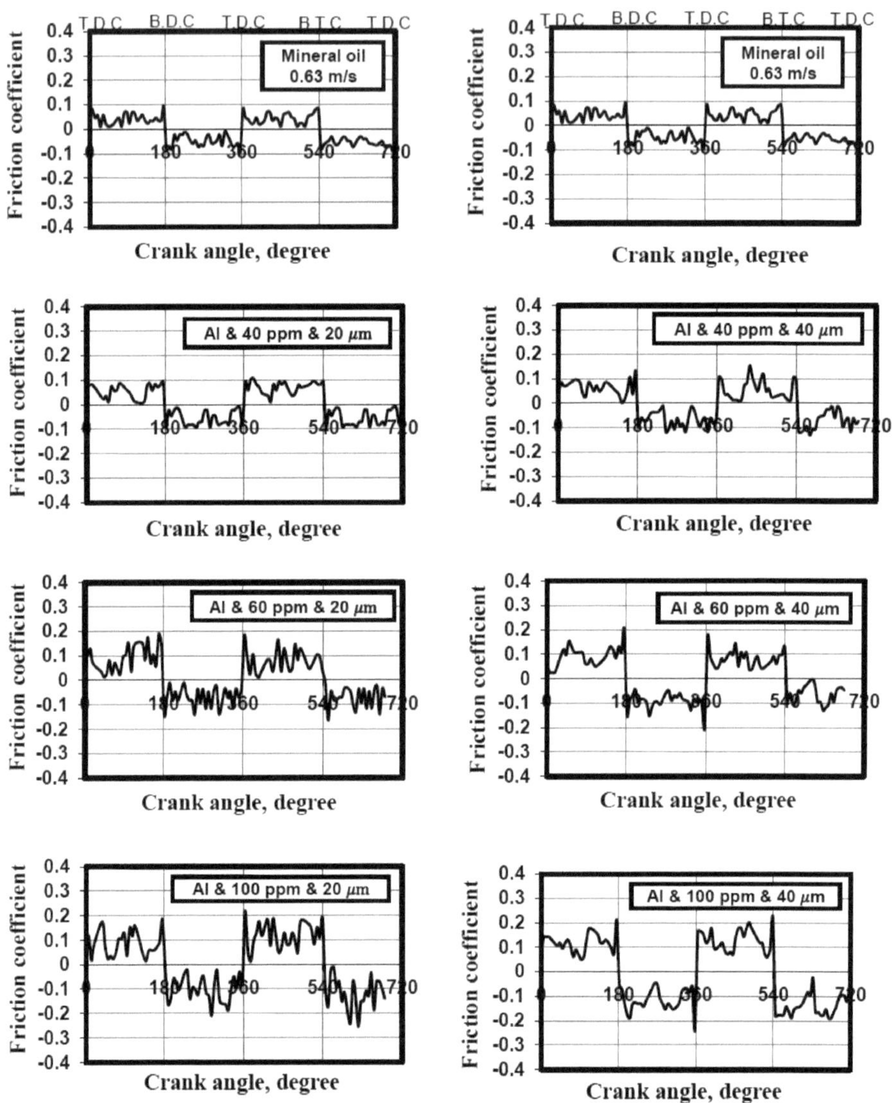

Fig.3.25: Efeito da granulometria dos contaminantes de alumínio no coeficiente de atrito limite a uma carga normal de 120 N, velocidade de 0,63 m/s.

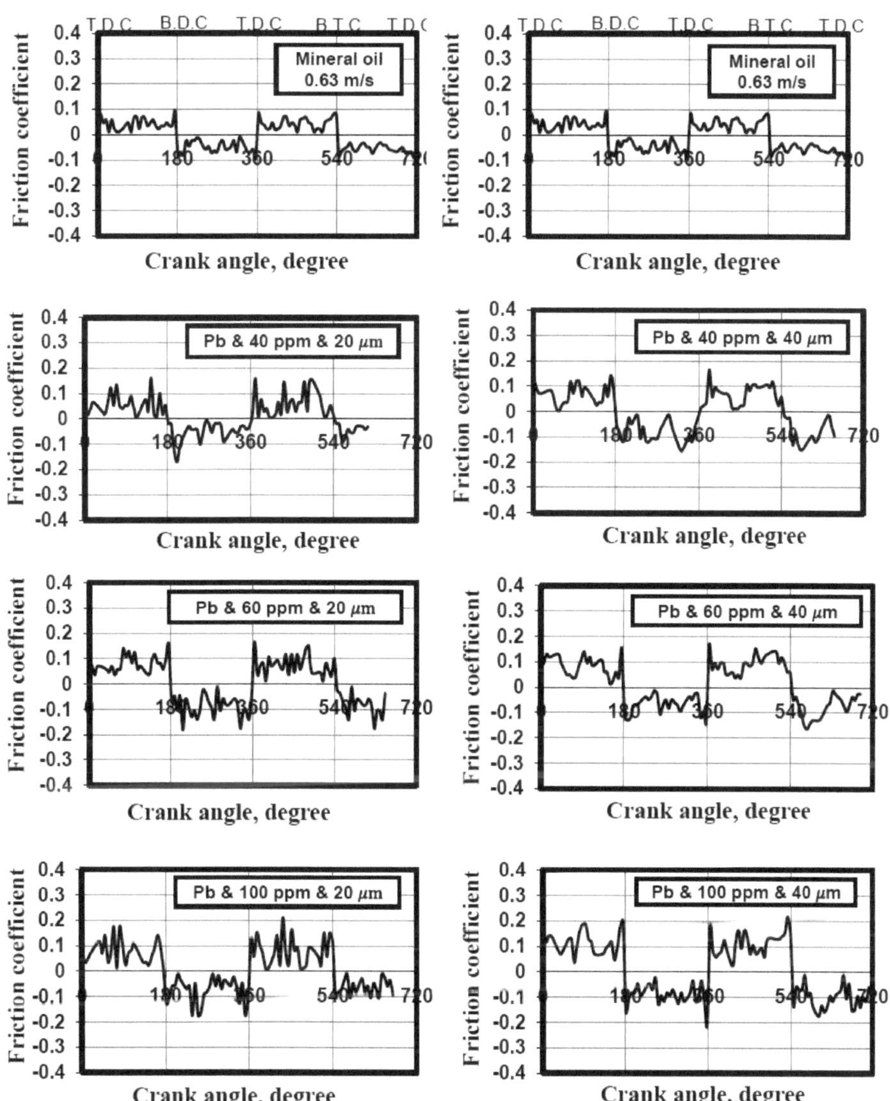

Fig.3.26: Efeito da granulometria dos contaminantes de chumbo no coeficiente de atrito limite à carga normal de 120 N, velocidade de 0,63 m/s.

3.3.3Comparação geral

A Figura 3.27 indica a relação entre os coeficientes médios de atrito limite e as dimensões e concentrações dos grãos contaminantes. A carga de contacto aplicada e a velocidade de deslizamento recíproca foram de 120 N e 0,63 m/s, respetivamente. Observou-se um aumento substancial do coeficiente de atrito do limite com o aumento da dimensão do grão e das concentrações de contaminantes. Os valores mais elevados do coeficiente de atrito estavam fortemente relacionados com o baixo valor da velocidade recíproca, o que contribuiu para o fraco acesso do óleo lubrificante ao banho recíproco. Os valores criticamente elevados dos coeficientes de atrito médios foram monitorizados em relação a três factores impressionantes, a baixa velocidade de reciprocidade, os valores prejudicialmente elevados das concentrações de contaminantes (80,100 ppm) e as granulometrias excessivas dos contaminantes (40,60 pm).

A Figura 3.28 revela a relação entre as perdas de potência médias e as dimensões e concentrações dos grãos de contaminantes. A carga de contacto aplicada e a velocidade de deslizamento recíproca foram de 120 N e 0,63 m/s, respetivamente. Mais uma vez, foram monitorizados valores elevados de perdas médias de potência em relação aos factores anteriormente mencionados, tais como a velocidade de movimento alternativo, as concentrações de contaminantes e as grandes dimensões dos grãos.

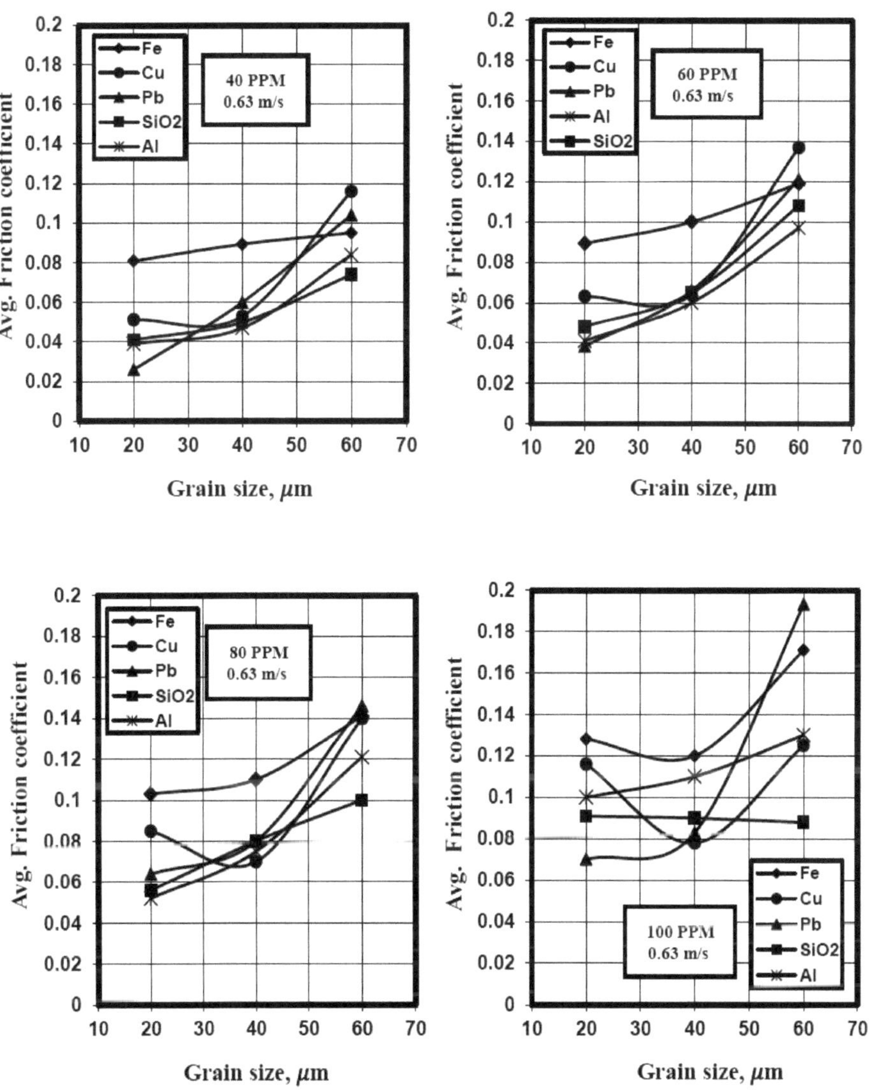

Fig.3.27: Efeito das dimensões e concentrações dos grãos de contaminantes no coeficiente médio de atrito limite, carga de contacto de 120 N.

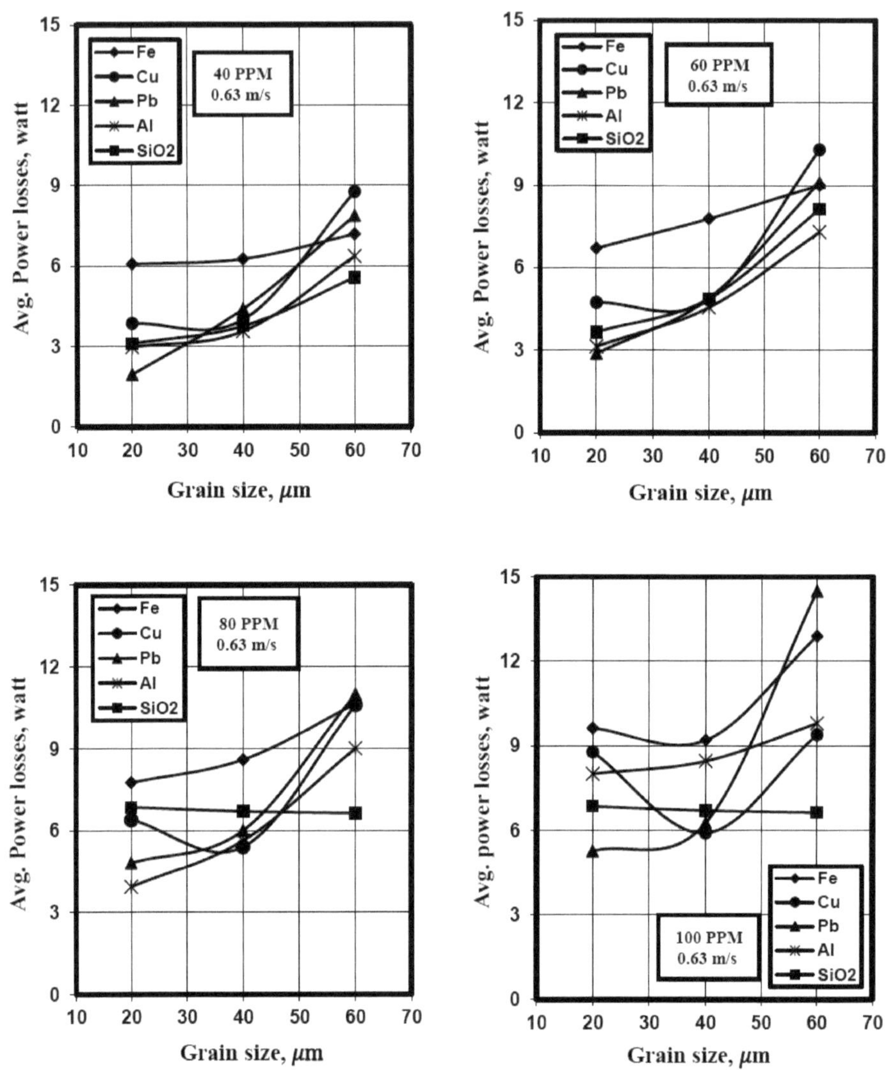

Fig.3.28: Efeito das granulometrias e concentrações dos contaminantes nas perdas de potência, com uma carga de contacto de 120 N.

3.4 Efeito da velocidade de deslizamento recíproco no coeficiente de atrito e nas perdas de potência da combinação anel do pistão / camisa do cilindro

A Figura 3.29 mostra o efeito da velocidade de deslizamento recíproco no coeficiente de atrito médio. O tamanho do grão foi fixado em 20 μm, exceto para o óxido de silício, que variou até 20 μm. O óleo mineral lubrificante foi o S.A.E. 20W50. As concentrações dos contaminantes foram escolhidas como sendo de 40, 60, 80 e 100 ppm. A carga normal de contacto foi fixada em 120 N. Geralmente, com o aumento das concentrações de contaminantes no óleo, os valores dos coeficientes de atrito médios aumentam. Além disso, observou-se que os coeficientes de atrito médios diminuíam com o aumento da velocidade de deslizamento recíproco. A razão está quase relacionada com o aumento substancial da película de óleo. As partículas de ferro e de cobre apresentaram os valores de atrito mais elevados, respetivamente; enquanto o alumínio, o óxido de silício e o chumbo apresentaram valores baixos, com as partículas de chumbo a ocuparem o último lugar na classificação. O óleo limpo apresentou os valores de fricção mais baixos, como se pode ver na figura. Além disso, as partículas de óxido de silício apresentaram valores de fricção baixos em comparação com os contaminantes de ferro e cobre.

A Figura 3.30 mostra o efeito da velocidade de deslizamento nas perdas de potência médias para diferentes concentrações de contaminantes nos dados apresentados na figura. Observou-se que as perdas de potência médias da combinação anel de pistão / revestimento aumentam com o aumento da velocidade de movimento alternativo, devido ao aumento da componente de cisalhamento hidrodinâmico com o aumento da velocidade. A interação entre os espécimes do anel e do revestimento tornou-se mais importante à medida que a espessura da película de óleo diminuía. Era evidente que o contacto da interface diminuiria à medida que a película de óleo se tornasse irrelevante.

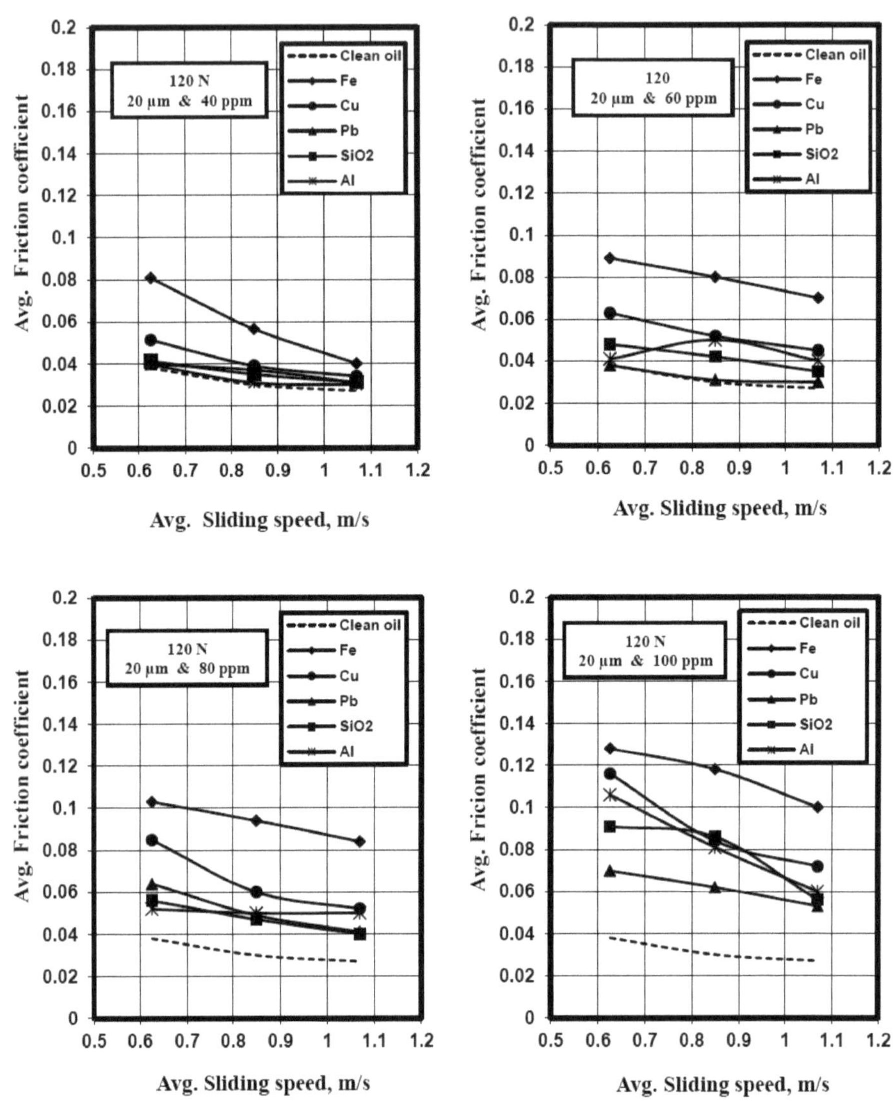

Fig.3.29: Efeito da velocidade de deslizamento recíproco no coeficiente médio de atrito limite para diferentes concentrações de contaminantes, óleo mineral.

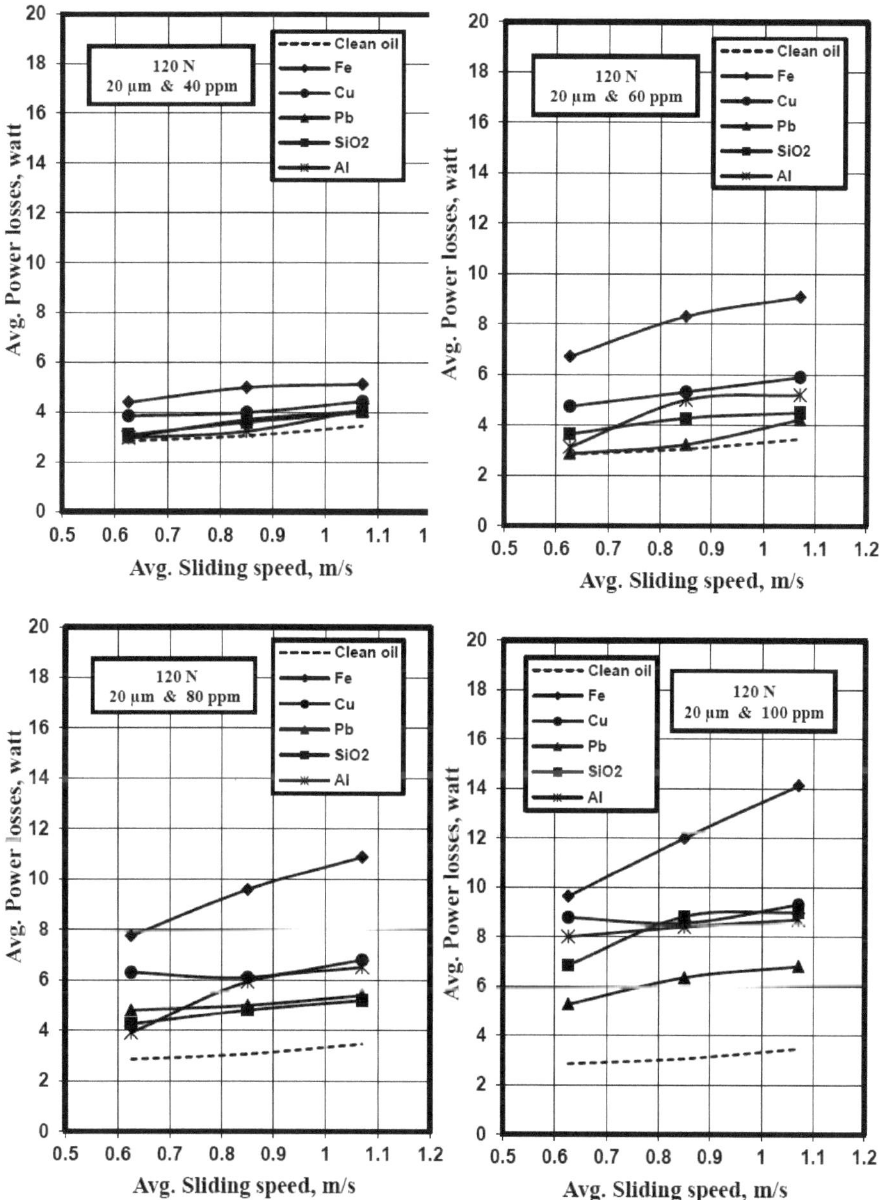

Fig.3-30: Efeito da velocidade de deslizamento recíproco nas perdas médias de potência para diferentes concentrações de contaminantes, óleo mineral.

A Figura 3.31 mostra a relação entre o coeficiente médio de atrito limite e as concentrações de contaminantes a diferentes velocidades de deslizamento recíprocas.

Os materiais foram Fe, Cu, Al, SiO_2, e Pb. O tamanho do grão foi escolhido para ser de 20 µm. O óleo de motor mineral lubrificante era SAE 20 w 50. Como tendência geral, observou-se que o coeficiente médio de atrito limite aumenta com o aumento da concentração de partículas e a baixas velocidades de rotação. Espera-se que o aumento das concentrações de contaminantes aumente a probabilidade de as partículas deslizarem umas sobre as outras, o que aumenta os níveis de atrito. Em segundo lugar, a baixa velocidade recíproca, a atenuação da espessura da película de óleo limite seria dominante, o que, consequentemente, aumentaria o nível de atrito. As partículas de ferro ocupam o primeiro lugar, seguidas do cobre, enquanto o chumbo ocupa o último lugar. A razão pode estar relacionada com o papel da dureza das partículas. As partículas de óxido de silício (Sio_2) e de alumínio surgem no meio.

A Figura 3.32 mostra o efeito das concentrações de contaminantes no coeficiente médio de atrito limite a diferentes velocidades recíprocas. O óleo lubrificante do motor era sintético SAE 5 w 50. Os materiais eram Fe, Cu, Al, Sio_2 e Pb. O tamanho do grão foi escolhido como sendo de 20 µm. A carga normal de contacto foi de 120 N. As concentrações de contaminantes variaram de 40 ppm a 100 ppm. Como tendência geral, observou-se que o coeficiente médio de atrito no limite aumentava com o aumento das concentrações de contaminantes, devido ao efeito da ação abrasiva das partículas contaminantes e à probabilidade de as partículas deslizarem umas sobre as outras, o que aumentava os níveis de atrito. Além disso, observou-se que o coeficiente de atrito limite médio diminuía com o aumento da velocidade recíproca, em resultado do aumento da espessura da película de óleo entre as amostras do anel do pistão e da camisa do cilindro.

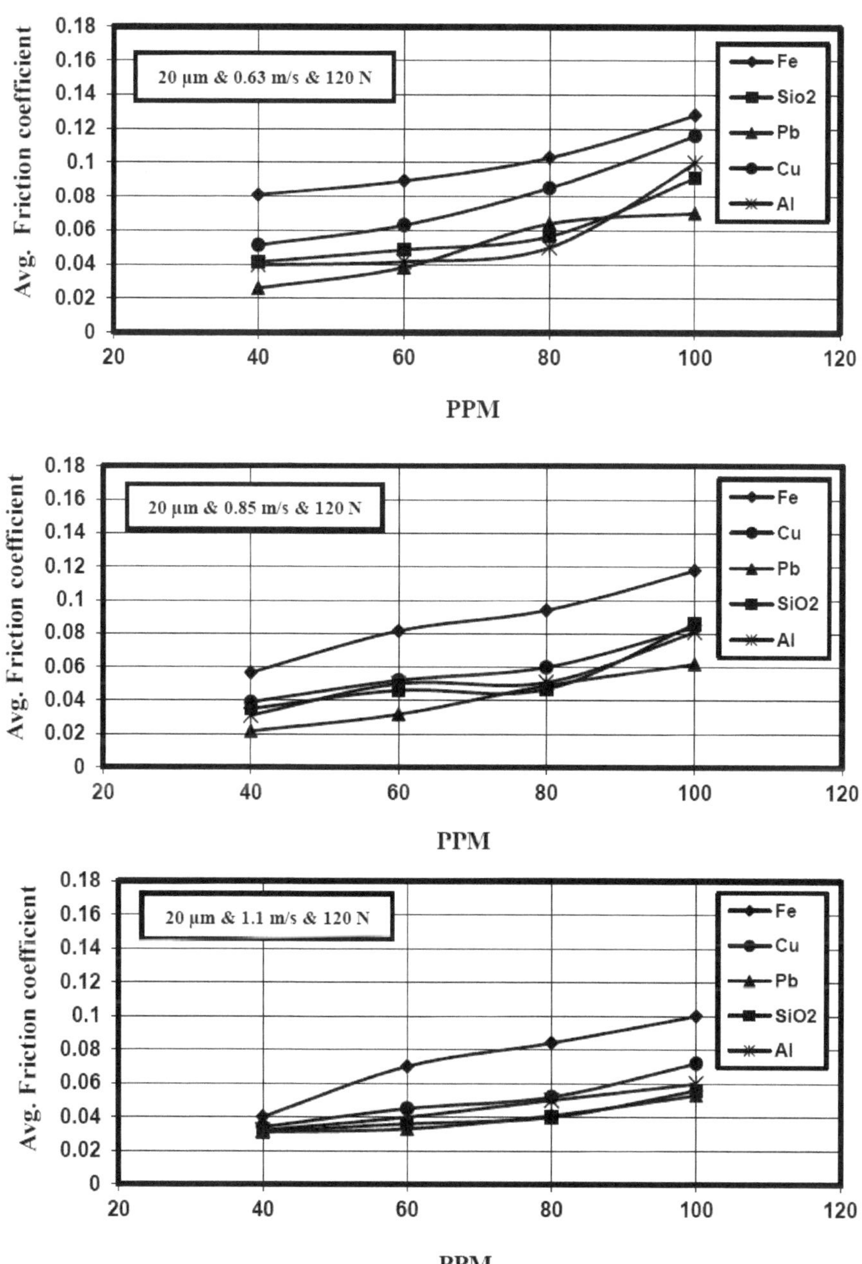

Fig. 3.31: Efeito das concentrações de contaminantes no coeficiente de atrito limite médio para diferentes velocidades recíprocas, óleo mineral.

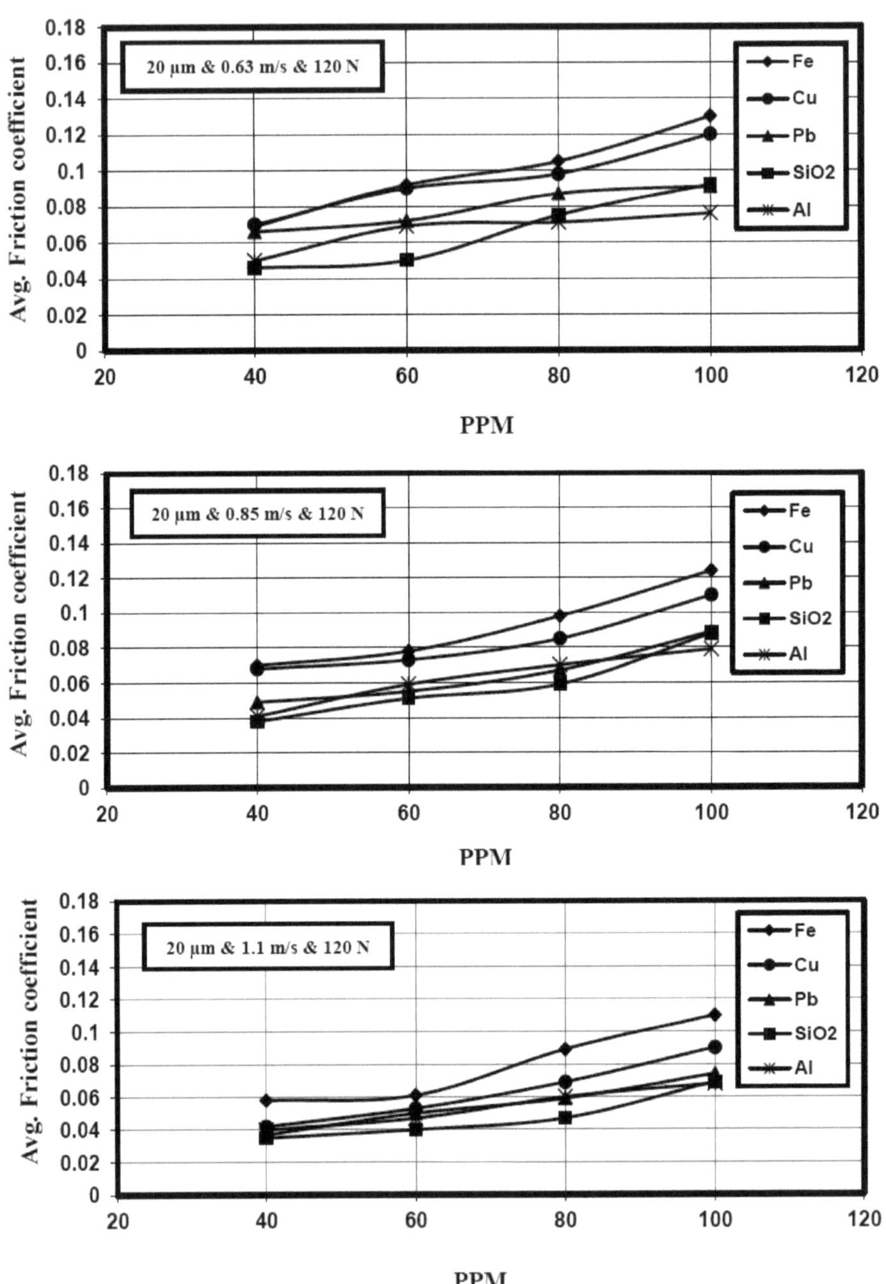

Fig. 3.32: Efeito das concentrações de contaminantes no coeficiente de atrito limite médio para diferentes velocidades de rotação, óleo sintético.

A Figura 3.33 mostra a relação entre as perdas de potência médias e as concentrações de contaminantes. As concentrações variaram de 40 ppm a 100 ppm para diferentes materiais contaminantes e em diferentes velocidades de deslizamento recíprocas. O óleo lubrificante era mineral SAE 20 w 50. O tamanho do grão dos contaminantes foi fixado em 20 µm. Observou-se que as perdas médias de potência aumentam com o aumento da concentração de contaminantes no óleo lubrificante. Como se pode ver na figura, as perdas de potência aumentaram significativamente devido ao aumento das concentrações de contaminantes e da velocidade de rotação.

Mais uma vez, como tendência geral, observou-se que as perdas médias de potência aumentam com o aumento das concentrações de partículas. As partículas de ferro ocupam o primeiro lugar, seguidas pelas de cobre, enquanto as de chumbo ocupam o último lugar. As partículas de óxido de silício e de alumínio surgiram no meio. A classificação observada parece estar fortemente relacionada com o tipo e a dureza das partículas.

A Figura 3.34 mostra o efeito de diferentes concentrações de contaminantes para diferentes materiais contaminantes e a diferentes velocidades de deslizamento recíprocas nas perdas médias de potência, com uma granulometria de 20 µm e cargas normais de 120 N. Os materiais foram Fe, Cu, Al, Sio_2, e Pb. O óleo lubrificante do motor era sintético SAE 5 w 50. Observou-se que as perdas médias de potência aumentam com o aumento das concentrações de ppm. Além disso, as perdas médias de potência aumentaram com o aumento da velocidade de rotação devido ao aumento da componente de cisalhamento hidrodinâmico com o aumento da velocidade. As partículas de ferro ocupam o primeiro lugar no ranking, seguidas pelas de cobre, enquanto as de SiO_2 ocupam o último lugar.

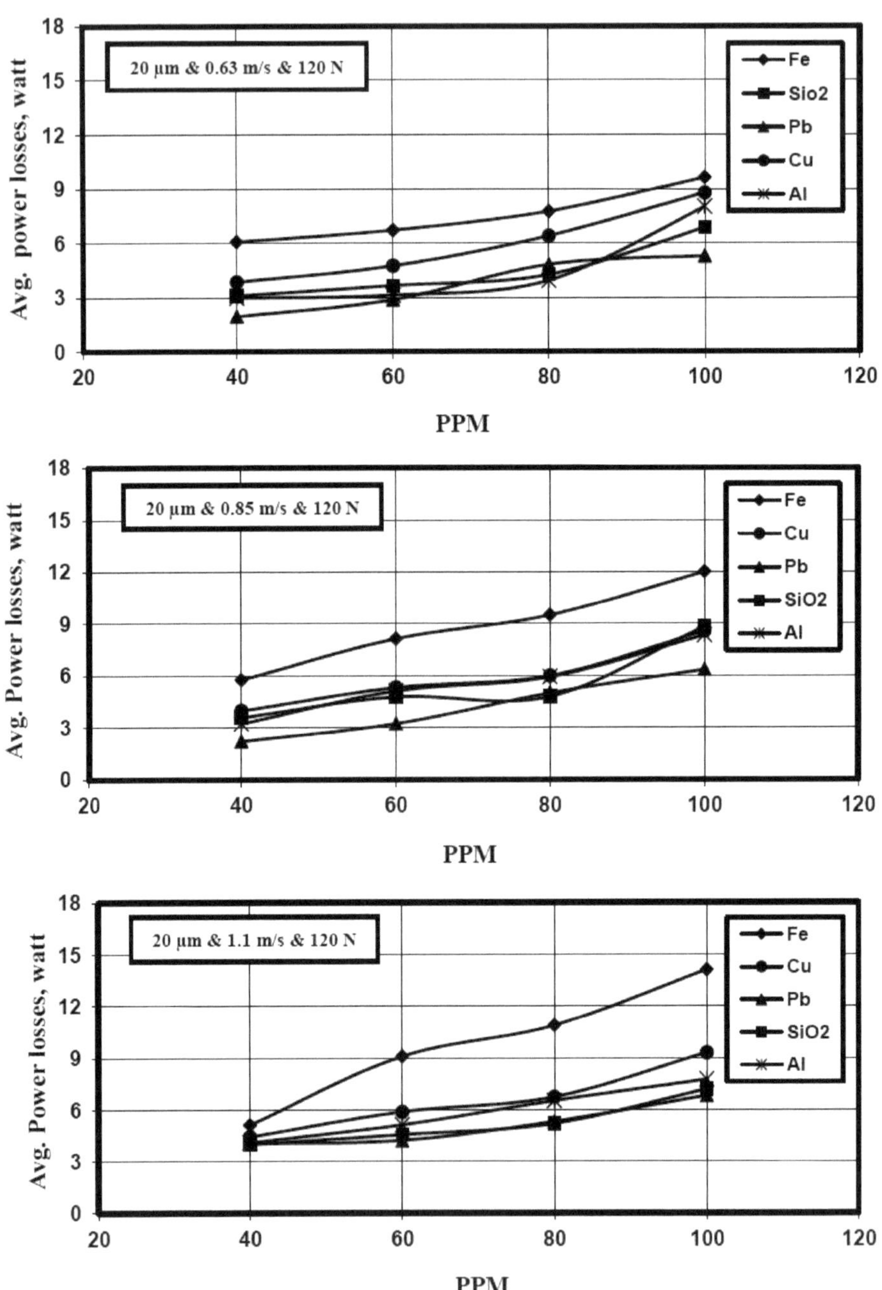

Fig. 3.33: Efeito das concentrações de contaminantes nas perdas médias de potência para diferentes velocidades de rotação, óleo mineral.

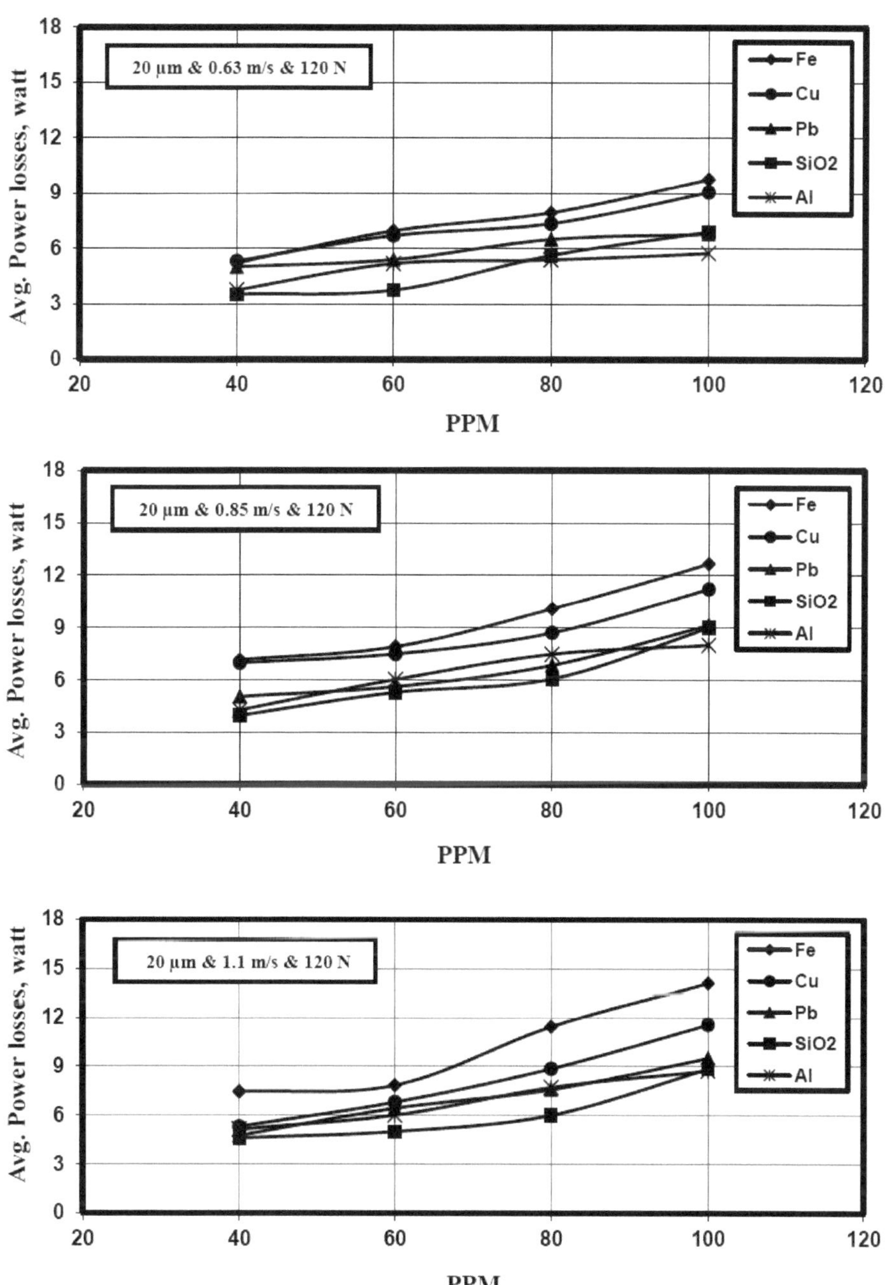

Fig. 3.34: Efeito das concentrações de contaminantes nas perdas médias de potência para diferentes velocidades de rotação, óleo sintético.

3.5 Efeito dos contaminantes na espessura da película de óleo entre o anel do pistão e a camisa do cilindro

A espessura da película de óleo formada entre o anel do pistão e a camisa tem um grande impacto na redução da perda de potência devida ao atrito. Na região de lubrificação hidrodinâmica, uma vez que a velocidade de deslizamento, a viscosidade do óleo e a força de atrito são conhecidas num determinado ângulo da manivela. A espessura da película de óleo pode ser calculada utilizando a equação de Petroff da seguinte forma [53, 54]:

$$\textbf{Oil film thickness} = \frac{\textbf{oil viscosity} * \textbf{sliding velocity} * \textbf{ring face area)}}{\textbf{Frictional Force}}$$

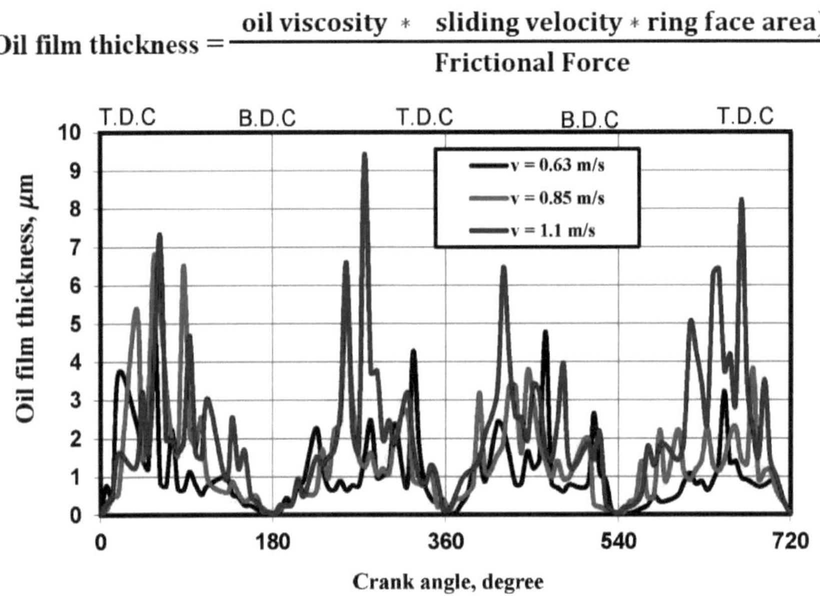

Fig.3.35: Efeito das velocidades de deslizamento recíprocas na espessura da película de óleo para um óleo mineral com uma carga de contacto normal de 120 N.

A Figura 3.35 mostra o efeito da velocidade de deslizamento recíproco na espessura da película de óleo entre o anel do pistão e os espécimes do revestimento para óleo limpo a diferentes velocidades de deslizamento recíproco. O óleo mineral lubrificante era SAE 20 w 50. A carga normal de contacto foi fixada em 120 N. O pico da espessura da película de óleo foi observado a meio do curso e os valores criticamente baixos encontravam-se nas proximidades das localizações T.D.C. e B.D.C.. A razão está fortemente relacionada com a variação da velocidade recíproca ao longo de todo o curso. Geralmente, a espessura da película de óleo aumenta com o aumento da velocidade de deslizamento recíproca.

A Figura 3.36 mostra o efeito das concentrações de contaminantes de ferro na espessura da película de óleo. A carga normal foi fixada em 120 N. As velocidades recíprocas foram de 0,63 m/s e 1,1 m/s. O tamanho do grão dos contaminantes foi fixado em 20 µm. Observou-se que a película de óleo diminui com o aumento das concentrações de contaminantes. Para óleo limpo a 1,1 m/s, a espessura da película de óleo a meio do curso variou entre 6 e 9 µm e diminuiu gradualmente com o aumento das concentrações de ferro para 2 µm a 100 ppm. O aumento das concentrações de partículas de ferro aumentou o número de espaços vazios hidrodinâmicos, através da área lubrificada do limite, e, por conseguinte, a pressão hidrodinâmica gerada nos espaços vazios, para além do aumento das concentrações de contaminantes, aumentou o nível de fricção e a película de óleo entre as combinações do anel e do revestimento foi afetada negativamente pela presença das partículas de metal. No entanto, a espessura da película de óleo tende a aumentar com o aumento da velocidade de deslizamento recíproco.

A Figura 3.37 mostra a relação entre a espessura da película de óleo e o ângulo da manivela, para ilustrar o efeito das concentrações de contaminantes de cobre na espessura da película de óleo. As concentrações variaram de 40 ppm a 100 ppm para diferentes velocidades de deslizamento recíprocas. O tamanho do grão dos contaminantes foi fixado em 20 µm. Como tendência geral, observou-se que a espessura da película de óleo atinge o pico a meio do curso e o mínimo nas localizações T.D.C. e B.T.C.. Observou-se que a espessura da película de óleo diminui com o aumento das partículas de cobre, devido à atenuação substancial da película limite. Esta diminuição está provavelmente relacionada com o efeito do tamanho dos contaminantes combinado com as suas elevadas concentrações, que reduziram o espaço da película de óleo na interface entre o reciprocador e a superfície do anel. Para além disso, a espessura da película de óleo aumentou com o aumento da velocidade de deslizamento do reciprocador. Por exemplo, a 100 ppm, a espessura da película de óleo aumentou de um valor de 2 µm a meio do curso a 0,63 m/s para um valor de 3,5 µm a

1,1 m/s.

A Figura 3.38 mostra o efeito das concentrações de contaminantes de alumínio na espessura da película de óleo a duas velocidades de deslizamento recíprocas diferentes. Os dados do ensaio são os apresentados na figura. A espessura da película de óleo mostrou uma diminuição considerável com o aumento da concentração de partículas de alumínio. A razão está diretamente relacionada com o aumento da quantidade de partículas que alterou a geometria do abrasivo e atenuou a formação da película de óleo limite. Os valores da espessura da película de óleo aumentaram com o aumento da velocidade de rotação. Para óleo limpo a 0,63 m/s, a espessura da película de óleo a meio curso variou entre 4 e 5 μm e diminuiu gradualmente com o aumento das concentrações de metal para 3 μm a 100 ppm.

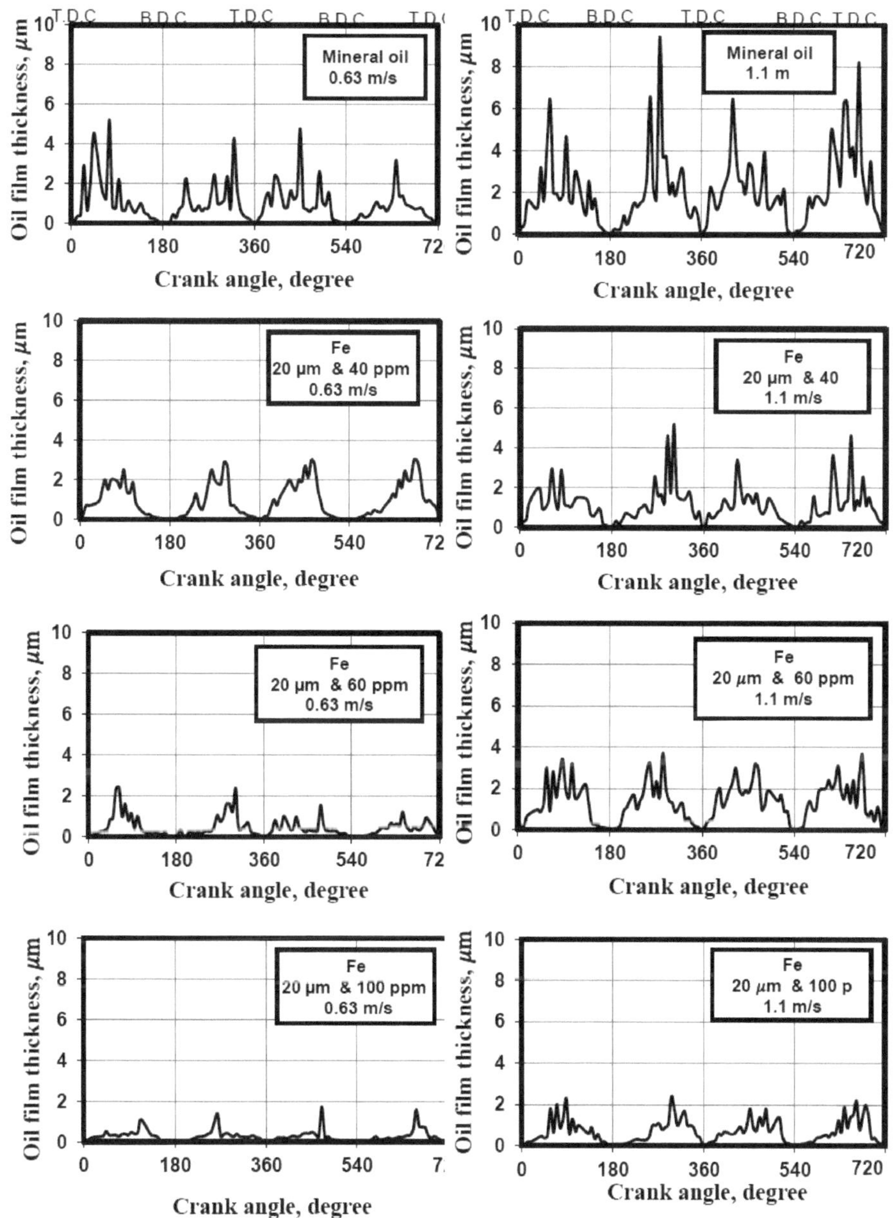

Fig.3.36: Efeito das concentrações de contaminantes de ferro na espessura da película de óleo a uma carga normal de 120 N, a diferentes velocidades de rotação.

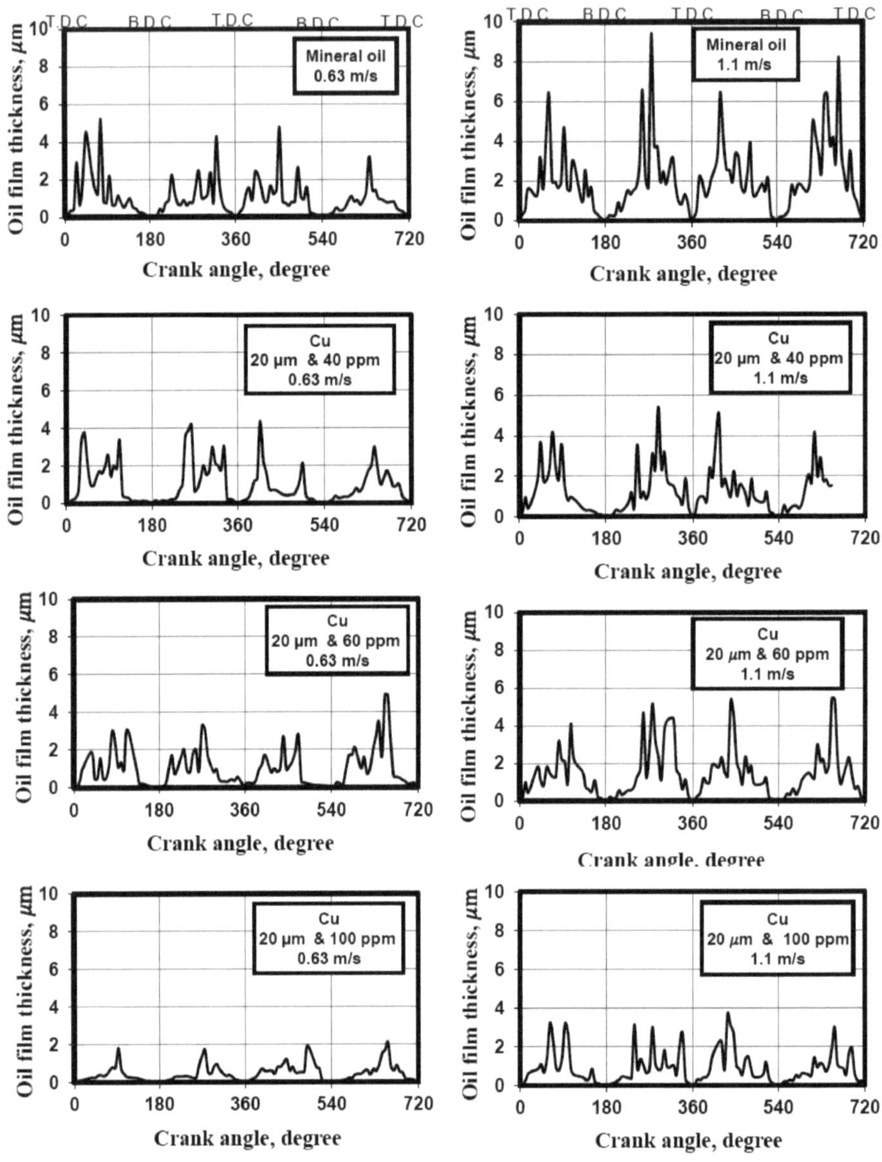

Fig.3.37: Efeito das concentrações de contaminantes de cobre na espessura da película de óleo a uma carga normal de 120 N, a diferentes velocidades de rotação.

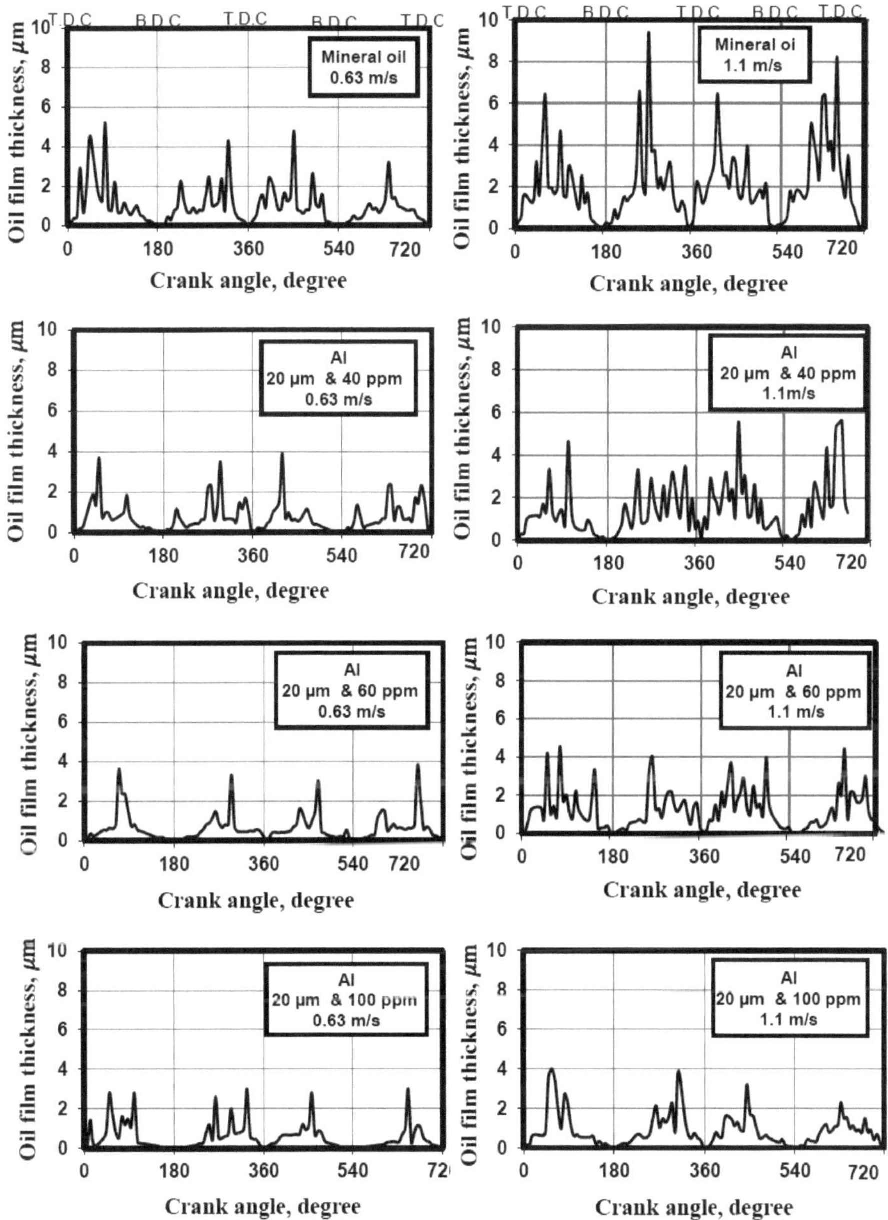

Fig.3.38: Efeito das concentrações de contaminantes de alumínio na espessura da película de óleo a uma carga normal de 120 N, a diferentes velocidades de rotação.

3.6 Efeito dos contaminantes no desgaste do anel do pistão

3.6.1 Efeito dos tipos de contaminantes no desgaste do anel de pistão

Os anéis de pistão são uma parte importante da maioria dos motores de combustão interna. Normalmente, é utilizado um conjunto de anéis de pistão para formar uma vedação de gás dinâmica entre o pistão e a parede do cilindro. O movimento de deslizamento do pistão forma uma fina película de óleo entre a terra do anel e a parede do cilindro, que lubrifica os componentes deslizantes. Quando partículas abrasivas (partículas metálicas de desgaste) entram na interface de deslizamento entre o anel do pistão e a camisa do cilindro, podem formar-se cicatrizes de desgaste abrasivo graves na superfície do anel do pistão. O desgaste é normalmente acompanhado por um desgaste abrasivo semelhante na superfície da camisa do cilindro.

A Figura 3.39 mostra a relação entre o desgaste do anel em mg e a distância de deslizamento em km para dois tipos de óleos: mineral e sintético. O tamanho do grão foi fixado em 20 μm. Os contaminantes eram ferro, cobre e alumínio. A concentração de contaminantes foi de 100 ppm. A carga de contacto e a velocidade recíproca foram de 120 N e 0,63 m/s, respetivamente. Como tendência geral, observou-se que o desgaste aumenta com o aumento da distância de deslizamento. Além disso, o óleo limpo indicou os valores mais baixos de desgaste do anel, enquanto que os contaminantes de ferro mostraram o desgaste mais elevado. A comparação entre o óleo mineral e o óleo sintético mostrou um aumento nos valores de desgaste do anel do pistão com o óleo sintético do que com o óleo mineral devido à baixa viscosidade do óleo sintético 0,1 Pa.s em comparação com o óleo mineral 0,15 Pa.s. à temperatura ambiente normal.

A Figura 3.40 indica a relação entre o desgaste do anel em mg e a distância de deslizamento em km. Os contaminantes eram partículas de chumbo e de óxido de silício. O tamanho do grão dos contaminantes foi fixado em 20 μm. A concentração de contaminantes foi de 100 ppm. A carga de contacto e a velocidade recíproca foram de 120 N e 0,63 m/s. Observou-se que o desgaste aumenta com o aumento da distância de deslizamento. Os resultados mostraram um aumento substancial do desgaste do anel do pistão no caso do óleo contaminado com partículas de óxido de silício do que com partículas de chumbo. Este facto pode estar relacionado com a incorporação de partículas duras e afiadas de sílica na amostra do anel. Além disso, os valores de desgaste do anel aumentaram com o óleo sintético do que com o óleo mineral.

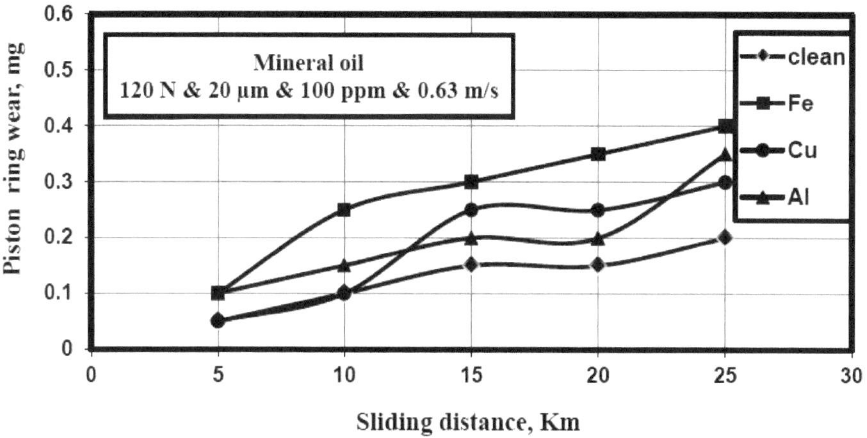

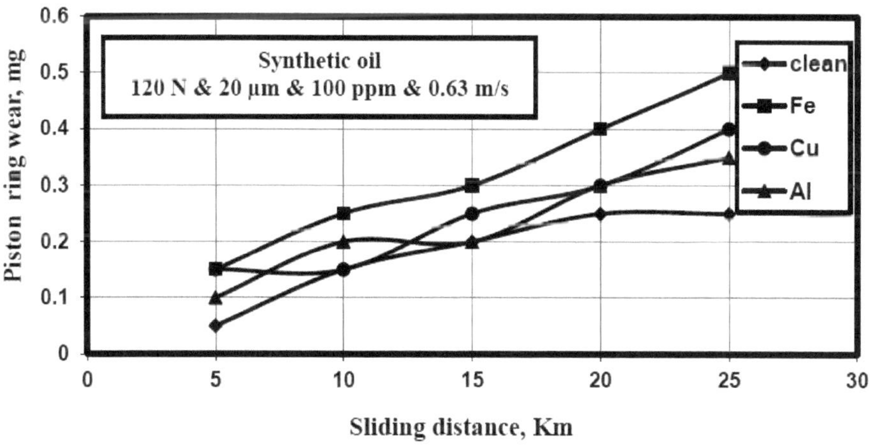

Fig. 3.39: Efeito dos contaminantes no desgaste do anel do pistão para óleo mineral e sintético, ferro, cobre e alumínio.

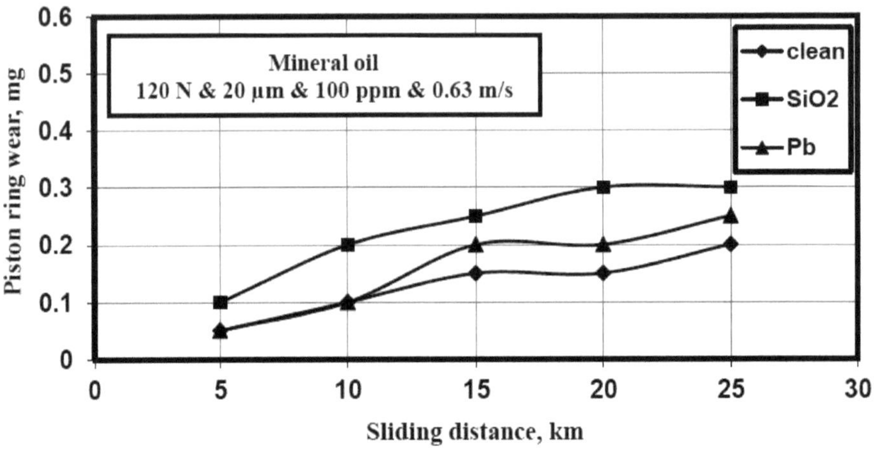

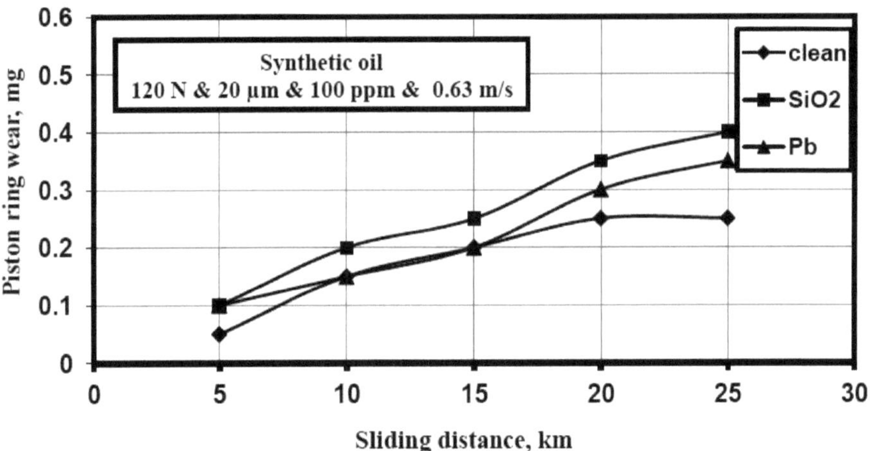

Fig. 3.40: Efeito dos contaminantes no desgaste do anel do pistão para óleo mineral e sintético, chumbo e óxido de silício.

3.6.2 Efeito das concentrações de contaminantes no desgaste do anel de pistão

A Figura 3.41 mostra a relação entre o desgaste do anel do pistão e as concentrações de contaminantes a uma velocidade de deslizamento recíproca de 0,63 m/s. Os contaminantes eram partículas de ferro, cobre e alumínio. O tamanho do grão foi fixado em 20 μm de tamanho. A distância de deslizamento e a carga de contacto foram de 10 Km e 120 N, respetivamente. Os óleos lubrificantes eram minerais e sintéticos. Em geral, com o aumento da concentração de contaminantes no óleo, o desgaste do anel tende a aumentar. O alumínio apresentou os valores de desgaste mais baixos, devido à sua baixa dureza. As partículas de ferro apresentaram os valores de desgaste mais elevados. Com o óleo sintético, o ferro mostrou um aumento nos valores de desgaste com o aumento das concentrações de partículas, exceto a 100 ppm, onde se registou uma queda no desgaste do anel. O óleo sintético apresentou um aumento nos valores de desgaste do anel do pistão, devido à sua baixa viscosidade à temperatura ambiente.

A Figura 3.42 mostra a variação do desgaste do anel do pistão com o óleo contaminado, com partículas contaminantes de óxido de silício e chumbo. As partículas tinham um tamanho de grão fixo de 20 μm. A distância de deslizamento foi de 10 km. A velocidade de deslizamento recíproco e a carga de contacto foram de 0,63 m/s e 120 N, respetivamente. Os óleos lubrificantes eram minerais e sintéticos. Como observado, nos resultados e na figura indicados, o desgaste do anel através do contacto lubrificado contaminado com partículas de SiO_2 foi superior ao contaminado com partículas de Pb, para o óleo mineral e para o óleo sintético. Observou-se que o desgaste aumenta com o aumento da concentração das partículas. Para o óleo mineral com contaminantes de chumbo, o desgaste do anel aumentou de 0,05 mg a 40 ppm para 0,1 mg a 60 ppm e depois para 0,15 mg a 80 ppm. Além disso, para o óleo sintético com contaminantes de chumbo, o desgaste do anel aumentou de 0,1 mg a 40 ppm para 0,15 mg a 80 ppm e depois para 0,2 mg a 100 ppm.

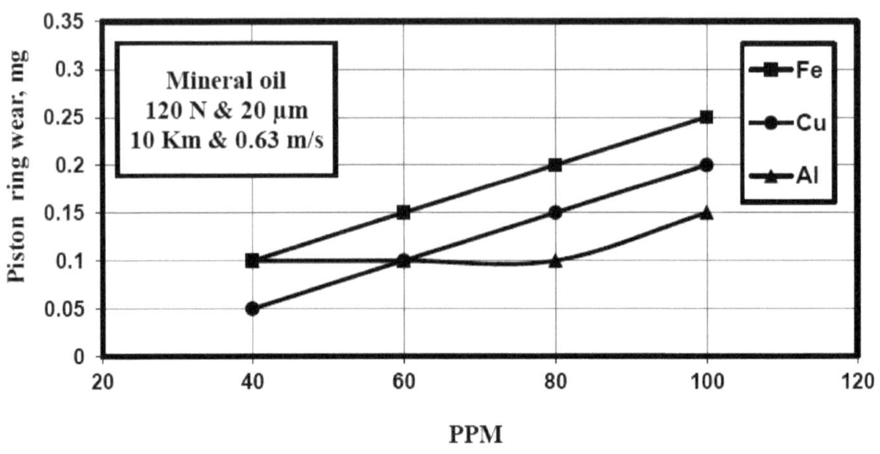

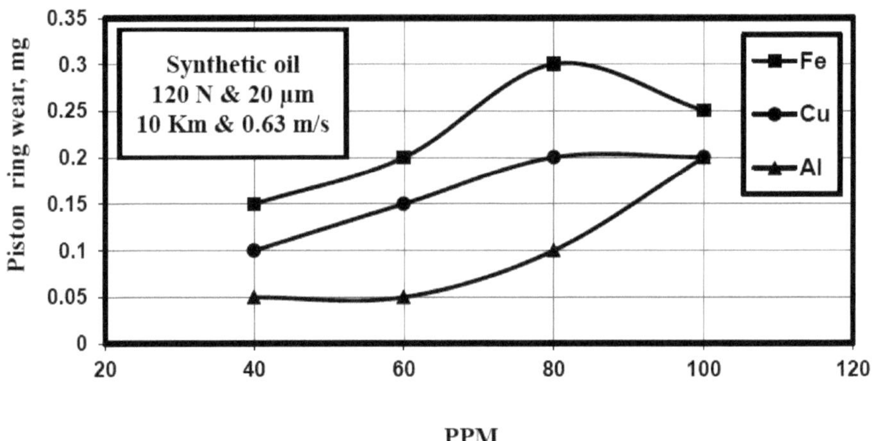

Fig. 3.41: Efeito das concentrações de contaminantes no desgaste do anel para óleo mineral e sintético, ferro, cobre e alumínio.

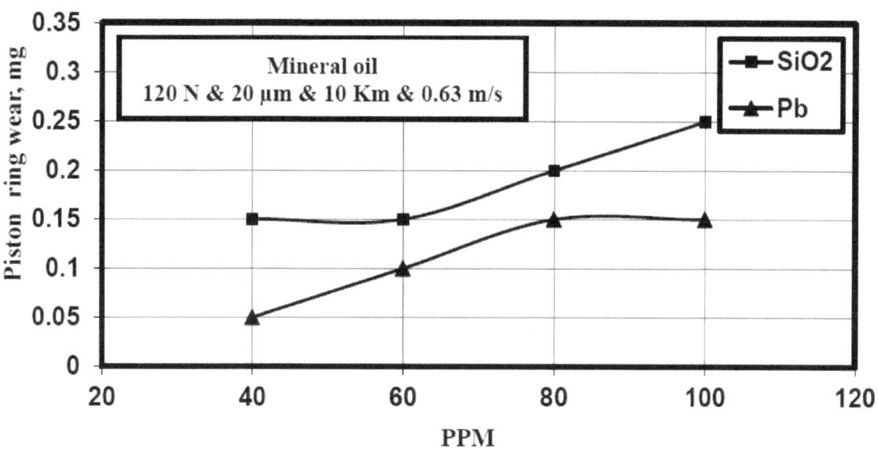

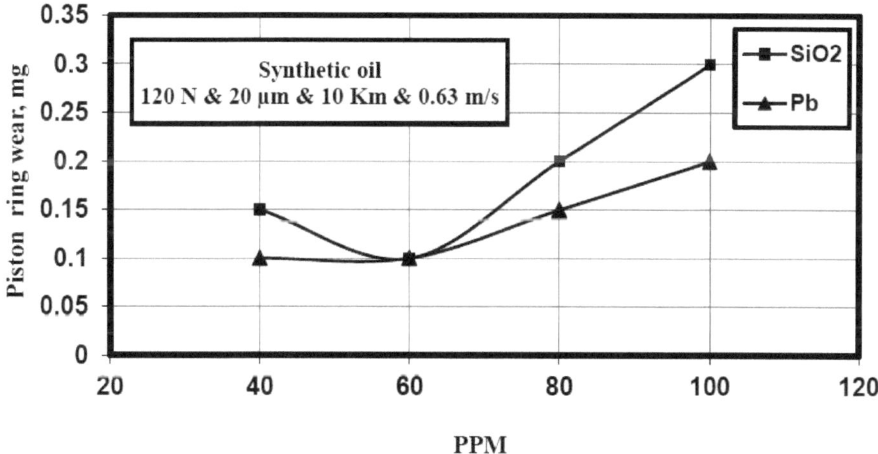

Fig. 3.42: Efeito das concentrações de contaminantes no desgaste do anel para óleo mineral e sintético, óxido de silício e chumbo.

3.6.3 Efeito da granulometria dos contaminantes no desgaste do anel de pistão

A Figura 3.43 indica a relação entre o desgaste do anel do pistão e o tamanho do grão dos contaminantes para os contaminantes mencionados anteriormente. As concentrações de contaminantes foram fixadas em 60 ppm e a distância de deslizamento foi de 10 km. Os óleos lubrificantes foram mineral e sintético. A carga de contacto aplicada e a velocidade recíproca foram de 120 N e 0,63 m/s, respetivamente. Observou-se que o desgaste aumenta à medida que o tamanho do grão aumenta. Os contaminantes de ferro apresentaram os valores mais elevados de desgaste, seguidos do cobre e do alumínio. Além disso, o desgaste do anel com óleo sintético foi superior ao do óleo mineral. Para o ferro com óleo mineral, o desgaste do anel aumentou de 0,15 mg a 20 μm de tamanho de grão para 0,35 mg a 60 μm de tamanho de grão. Para o ferro com óleo sintético, o desgaste do anel aumentou de 0,2 mg a uma granulometria de 20 μm para 0,4 mg a uma granulometria de 60 μm.

A Figura 3.44 mostra a relação entre o desgaste do anel do pistão e o tamanho do grão dos contaminantes para o óleo mineral e sintético. Os contaminantes eram partículas de SiO_2 e Pb. As partículas tinham tamanhos de grão de 20, 40 e 60 μm. Os dados do ensaio foram os apresentados nas figuras. Observou-se que o desgaste aumenta à medida que o tamanho do grão aumenta. Além disso, observou-se que os valores de desgaste do anel aumentaram com o óleo sintético do que com o óleo mineral. As partículas de SiO_2 mostraram um aumento apreciável nas perdas de peso do anel devido ao efeito da ação abrasiva da sílica. Mais uma vez, o chumbo apresentou os valores de desgaste mais baixos devido à sua baixa dureza.

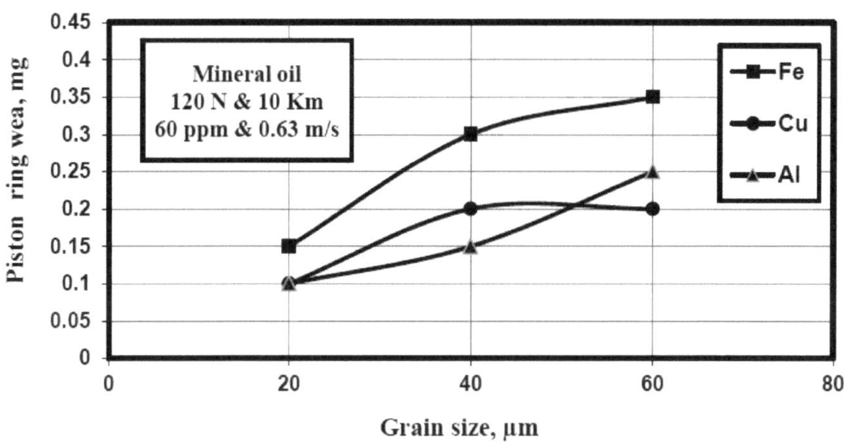

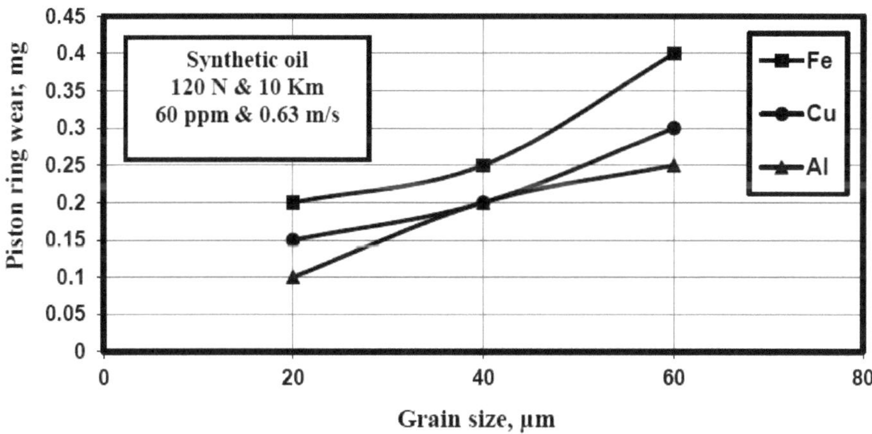

Fig. 3.43: Efeito da granulometria dos contaminantes no desgaste do anel para óleo mineral e sintético, ferro, cobre e alumínio.

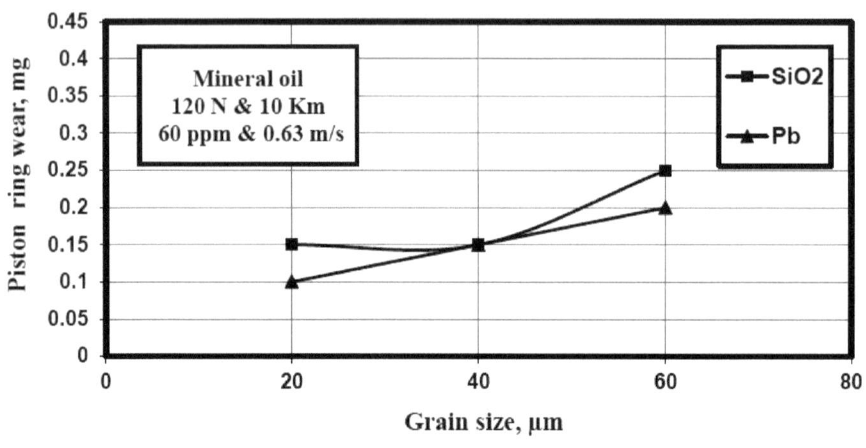

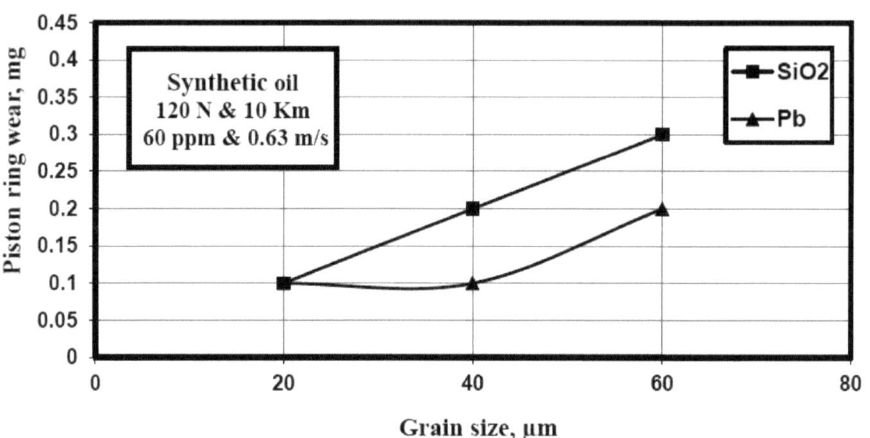

Fig. 3.44: Efeito do tamanho do grão dos contaminantes no desgaste do anel do pistão para óleo mineral e sintético, óxido de silício e chumbo

CAPÍTULO 4

CONCLUSÃO

O atrito entre os anéis do pistão e a camisa do cilindro contribui significativamente para as perdas de potência mecânica do motor. Os processos de desgaste promovidos pelo óleo contaminado conduzem a uma redução da vida útil do óleo, da vida útil dos componentes e do desempenho do motor. No presente estudo, foi investigado o efeito de diferentes contaminantes no coeficiente de atrito limite, nas perdas por atrito e potência, na incidência de desgaste do anel/camisa e na formação de película de óleo durante o processo de lubrificação limite entre o anel do pistão e a camisa. Foi utilizado um equipamento de ensaio original que simula o movimento do pistão e da camisa com o objetivo de clarificar os efeitos de vários parâmetros, tais como as dimensões dos grãos das partículas, as concentrações de partículas, os tipos de contaminantes e as velocidades de rotação. Observou-se que as contaminações de óleo têm um grande impacto nas propriedades tribológicas das combinações anel/camisa. Os seguintes pontos podem ser concluídos:

1- Os coeficientes de atrito de fronteira apresentaram valores elevados na vizinhança dos pontos mortos superior e inferior devido ao mau acesso do óleo lubrificante. No entanto, a meio curso foram registados valores baixos devido ao bom acesso do óleo lubrificante.

2- As perdas de potência atingiram o seu pico a meio do curso, onde a velocidade recíproca atingiu o seu pico.

3- A espessura da película de óleo atingiu o seu pico a meio do curso (6 μm - 9 μm), enquanto os valores criticamente mínimos (0,5 μm - 2μm) foram registados nas localizações do ponto morto superior e do ponto morto inferior.

4- O coeficiente de atrito limite e as perdas de potência por atrito tenderam a aumentar substancialmente com o aumento da granulometria e das concentrações de contaminantes.

5- O aumento da velocidade recíproca aumentou as perdas de potência por atrito e a espessura da película de óleo, enquanto o coeficiente de atrito limite tendeu a diminuir devido ao aumento da espessura da película de óleo.

6- O tipo de materiais contaminantes no óleo lubrificante teve uma grande influência no aumento do coeficiente de atrito limite. Os contaminantes ferro e cobre são os que ocupam as posições mais elevadas, enquanto o chumbo ocupa a última posição.

7- Apesar de as partículas de óxido de silício (Sio_2) apresentarem uma elevada dureza, mostraram um comportamento de baixa fricção. A razão pode ser atribuída ao facto de as partículas duras de Sio_2 tenderem mais a rolar do que a deslizar.

8- A espessura da película de óleo tende a diminuir com o aumento da

concentrações de contaminantes no óleo lubrificante. Isto pode estar fortemente relacionado com a diminuição da película de óleo da interface entre as duas superfícies em interação.

9- Observou-se que o desgaste dos anéis de pistão aumentava com o aumento da granulometria dos contaminantes, das concentrações de contaminantes e da distância de deslizamento.

10- A comparação entre o óleo mineral e o óleo sintético mostrou um aumento do desgaste do anel com o óleo sintético do que com o óleo mineral devido à baixa viscosidade do óleo sintético (0,1 Pa.s) em comparação com o óleo mineral (0,15 Pa.s.).

11- Os contaminantes de ferro no óleo apresentaram os valores de desgaste mais elevados, seguidos do cobre, enquanto os contaminantes de chumbo no óleo apresentaram os valores de desgaste mais baixos.

Recomendações:

1- Tem sido preferível que a precisão da filtragem do óleo lubrificante dos motores não seja superior à espessura da película de óleo da combinação anel do pistão / camisa do cilindro. Isto ajuda a reduzir o atrito entre as partes móveis e, assim, reduz as perdas de potência por atrito.

REFERÊNCIAS

[1] O'connor, J.J., e Boyd, J., "Standard handbook of lubrication engineering", patrocinado pela Sociedade Americana de Engenheiros de Lubrificação (1968).

[2] Hsu, S. M., e Gates, R. S., "Boundary lubricating film: formation and Lubrication mechanism", Tribology, Vol. 38, pp. 305 - 312, (2005).

[3] Tung, S.C., Michael, L. M., e Becker, E.P., "Automotive Engine oil", Livro, por Taylor &Francis Group, LLC, (2006).

[4] Thirouard, B., Tian, T., e Hart, D. P., "Investigation of oil transportation mechanisms in the piston ring pack of a single cylinder diesel engine, using two mechanisms in the piston ring pack of a single cylinder diesel engine, using two dimensional laser induced fluorescence", Society of Automotive Engineers, SAE Technical Paper Series 982658. pp. 9, (1998).

[5] Glidewell, J., e Korcek, S., "Piston ring / cylinder bore friction under Flooded and starved lubrication using fresh and aged engine oils" , Society of Automotive Engineers, SAE Paper 982659, pp.10, (1998).

[6] Takiguchi, M., Ando, H., Takimoto, T., e Uratsuka, A.," Characteristics of friction and lubrication of two-ring piston", JSAE Review, pp. 11-16, (1996).

[7] Taylor, C. M., "Automobile engine tribology - design considerations for efficiency and durability", Wear, Vol. 221, pp.1-8, (1998).

[8] Wakuri, Y., Soejima, M., Ejima, Y., Hamatake, T., e Kitahara, T.," Studies on friction characteristics of reciprocating engines", Society of Automotive Engineers, SAE Technical Paper Series 952471, pp. 15, (1995).

[9] Hamatake, T., Wakuri, Y., Soejima, M., e Kitahara T. "Some studies on the tribology of diesel engines", Hamburgo, Alemanha, CIMAC. Proc. 23rd CIMAC world congress on combustion engine technology for ship propulsion, power generation, rail traction, Vol. 4, pp. 1426-1440, (2001).

[10] Glaeser, W. A., e Gaydos, P. A., "Development of a wear test for adiabatic diesel ring and liner materials", publicação técnica especial da ASTM, ISBN0-8031-1856-2, pp.1 - 16, (1993).

[11] Shahmohamadi, H., Rahmani, R., Rahnejat, H., Garner, C. P., King, P. D., "Thermo-mixed hydrodynamics of piston compression ring conjunction", Tribology letters, Vol. 51, PP. 323 - 340, (2013).

[12] Sui, P. C., and Ariga, S.," Piston ring pack friction and lubrication analysis of an automobile engine using a mixed lubrication model", Society of Automotive Engineers, SAE Paper 931937, pp. 15, (1993).

[13] Taylor, R. I., "Engine friction: the influence of lubricant rheology", Proceedings of the Institution of Mechanical Engineers Part J, Journal of Engineering Tribology, Vol. 211, pp. 235 - 246, (1997).

[14] Arcoumanis, C., Duszynski, M., Flora, H., e Ostovar, P.," Development of a

piston - ring lubrication test-rig and investigation of boundary conditions for modelling lubricant film properties", Society of Automotive Engineers, SAE Paper 952468, pp. 19, (1995).

[15] Durga, V., Rao, N., Boyer, B. A., Cikanek, H. A., e Kabat, D. M., " Influence of surface characteristics and oil viscosity on friction behaviour of rubbing surfaces in reciprocating engines", Technical Conference ASME- ICE,Vol.31-2,pp.23-35,(1998).

[16] Ezzat, F. M., Youssef, M. M., Abd-El Aal, G. M., e Hakim, K. A., "

Effect of operating conditions on wear of diesel engine liner and rings", Proceedings of The 5th International Conference of the Egyptian Society of Tribology, Cairo University, EGYPT, 10-12 April, pp. 347 - 354, (1999).

[17] Coy, R. C., "Practical applications of lubrication models in engines", Tribology International, Vol.31, pp. 563-571, (1998).

[18] Affenzeller, J., e Gläser, H., "Bearings and lubrication of internal combustion engines / in German", ISBN 3-211-82577-0, pp. 397, (1996).

[19] Godfrey, D., "recognition and solution of some common wear problems related to lubricants and hydraulic fluids", Lubrication engineering, Vol. 56, pp. 33 - 36, (2000).

[20] Bijwe, J., Garg, A., e Gandhi, O. P., "Reassessment of engine oil periodicity in commercial vehicles", Lubrication Engineering, Vol. 56, pp. 23 - 29, (2000).

[21] Chambers, K. W., Arneson, M. C., e Waggoner, C. A., "An on-line ferromagnetic wear debris sensor for machinery condition monitoring and failure detection", Wear, Vol. 128, pp. 325-337, (1988).

[22] Fitch, J. C., e Troyer, D. D., "Sampling methods for used oil analysis", Lubrication Engineering, Vol. 56, pp. 40-47, (2000).

[23] Datoo, A., e Fox, M. F., "The lubricant condition in the ring zone under cold start conditions", Synopses, the 29th Leeds-Lyon Symposium on Tribology, Tribological Research and Design for Engineering Systems (2002).

[24] Korcek, S., Jensen, R. K., Johnson, M. D., e Sorab, J., "Maximizing the fuel efficiency of engine oils: the role of tribology", Tribotest, pp. 187-201, (2001).

[25] Jefferies, A., e Ameye, J.," RULER™ e programas de análise de óleo de motor usado". Lubrication Engineering, Vol. 54, pp. 29 - 34, (1998).

[26] Jiang, Q. Y., e Wang, S. N., "Abrasive wear of locomotive diesel engines and contaminant control", Tribology Transactions, Vol. 41, pp. 605 - 609, (1998).

[27] Macian, V., Tormos, B. e Lerma, M. J." Evaluation of metallic elements in oil for an engine fault-diagnosis system", Tribotest, Vol. 8, pp. 163 - 176, (2001).

[28] Kaisheng, Q., Shuyun, Z., Xingguo, M., e Yungang, Z.," Wear study of diesel engine in break-in. Proceedings 22nd CIMAC International Congress on Combustion Engines", Copenhaga, Vol. 3, pp. 587 - 592, (1998).

[29] Jones, G. W., e Eleftherakis, J. G., "Correlating engine wear with filter multipass testing", Society of Automotive Engineers, SAE Technical Papers Series, 952555, pp. 19, (1995).

[30] McClelland, J. F., e Jones, R. W., "FTIR photoacoustic spectroscopy of diesel lubricating oils containing particulate matter", Lubrication Engineering, Vol. 57, pp. 17 - 21, (2001).

[31] Hunt, T. M., "Handbook of wear debris analysis and particle detection in liquids", Londres, Elsevier Science Publishers Ltd. ISBN 1-85166-962-0, pp. 488, (1993).

[32] Truhan, J. J., Covington, C. B., e Wood, L., "The classification of lubricating oil contaminants and their effect on wear of diesel engines as measured by surface layer activation", Society of Automotive Engineers, SAE Technical Paper Series, 952558, pp. 10, (1995).

[33] Hussein, N. F., "Effect of contaminants and their characteristics on tribological properties of engine Lube oil", tese de mestrado, Faculdade de Engenharia da Universidade de El-Minia, EGYPT, (2009).

[34] Dong, J., Van de Voort, F. R., Ismail, A. A., Akochi-Koblé, E., e Pinchuk, D., "Rapid determination of the carboxylic acid contribution to the total acid number of lubricants by Fourier transform infrared spectroscopy", Lubrication Engineering, Vol. 56, pp. 12 - 20, (2000).

[35] Gamble, R. J., Priest, M., and Taylor, C. M., "Influence of lubricant degradation on piston assembly tribology", Abstracts of papers from the 2nd World Tribology Congress, The Austrian Tribology Society, ISBN 3-901657 - 08 - 8,pp. 245, (2002).

[36] George, S., Balla, S., e Gautam, M., "Effect of diesel soot contaminated oil on engine", Wear, Vol. 262, pp. 1113 - 1122, (2007).

[37] Mousa, M. O., Mansour, H., e Ali, W. Y., "Monitoring the wear of internal combustion engines" (Monitorização do desgaste dos motores de combustão interna), Actas da Quarta Conferência e Exposição Técnica Saudita (Documento n.º 427), (2006).

[38] Needleman, W. M., e Madhavan, P. V., "Review of Lubricant Contamination and Diesel Engine Wear" , SAE Technical Paper 881827, Truck and Bus Meeting and Exposition, Indianapolis, Indiana , (1988).

[39] Barris, M., "The Influence of Filter Selection on Engine Wear, Emissions, and Performance", documento técnico SAE 952557, Fuels & Lubricants meeting and exposition, (1995).

[40] Khorshid, E. A., e Nawwar, A.M., "Effect of oil filtration on engine wear", Wear, Vol. 141, pp. 349 - 371, (1991).

[41] Richardson, D. E., e Borman, G. L., "Theoretical and experimental investigation of oil films for application to piston ring lubrication", Society of Automotive Engineers, SAE Paper 922341, pp. 16, (1992).

[42] Seki, T., Nakayama, K., Yamada, T., Yoshida, A., e Takiguchi, M., "A study on variation in oil film thickness of a piston ring package: variation of oil film thickness

in piston sliding direction". JSAE Review, Vol. 3, pp. 315320, (2000).

[43] Harigaya, Y., Akagi, J., e Suzuki, M., "Prediction of temperature, viscosity and thickness in oil film between ring and liner of an internal combustion engine", SAE technical paper series 2000-01-1790, pp. 9, (2000).

[44] Sreenath, A. V., e Venkatesh, S., "Analysis and computation of the oil film thickness between the piston ring and cylinder liner of an internal combustion engine" Vol. 15, pp. 605 - 611, (1973).

[45] Abu-Nada, E., Al-Hinti, I., Al-Sarkhi, A., e Akash, B., "Effect of Piston Friction on the Performance of SI Engine: A New Thermodynamic Approach" ASME J. of Eng. for Gas Turbines and Power, Vol. 130, pp. 1-8, (2008).

[46] Suzuki, H. Y., Toda, M., e Takiguchi, F, M., "Analysis of oil film thickness and heat transfer on a piston ring of a diesel engine: effect of lubricant viscosity", ASME J. of Eng. for Gas Turbines and Power, Vol. 128, pp. 685 - 693, (2006).

[47] Barber, G, C., e Ludema, K. C., "The break - in stage of cylinder - ring wear", Wear, Vol. 118, pp. 57 - 75, (1987).

[48] Junhong, Z., Hongge, G., e Guangjian, NI., "Piston ring and cylinder liner lubrication in internal combustion engines based on thermo-hydrodynamic", Chinese journal of mechanical engineering, Vol. 24, (2011).

[49] Bhatt, D. V., Bulsara, M. A., e Mistry, K. N., "Prediction of Oil Film Thickness in Piston Ring - Cylinder Assembly in an I C Engine", Actas do Congresso Mundial de Engenharia, Vol. II, Londres, (2009).

[50] Bulsara, M. A., Bhatt, D.V., Mistry, K. N., "Measurement of oil film thickness for complete stroke length in an unfired IC engine", Industrial Lubrication and Tribology, Vol. 65, PP. 449 - 455, (2013).

[51] Wakuri, Y., Soejima, M., Ejima, Y., Hamatake, T., e Kitahara, T., "Studies on friction characteristics of reciprocating engines", SAE Technical Paper Series 952471, pp. 15, (1995).

[52] Sonthalia, A., e Kumar, C. R., "O efeito do perfil do anel de compressão na força de atrito num motor de combustão interna", Tribology in Industry, Vol. 35, PP. 74 - 83, (2013).

[53] Fuller, D. D., "Theory and practice of lubrication for engineers", John Wiley & Sons, (1956).

[54] Stolarski, T. A., "Tribology in Machine design", Industrial Press Inc., (1990).

APÊNDICES

APÊNDICE (1)

Cinemática do aparelho de ensaio alternativo

O movimento primário dos anéis do pistão é igual ao movimento alternativo do pistão. Na análise da lubrificação do anel do pistão, é necessário determinar a velocidade do anel do pistão em função do ângulo da manivela.

A mecânica da manivela é mostrada na Figura. A velocidade instantânea do movimento recíproco do pistão pode ser estimada com uma precisão razoável com a seguinte fórmula.

$$V_p = R\,\omega\,[\sin\theta + R/L \sin 2\theta]$$

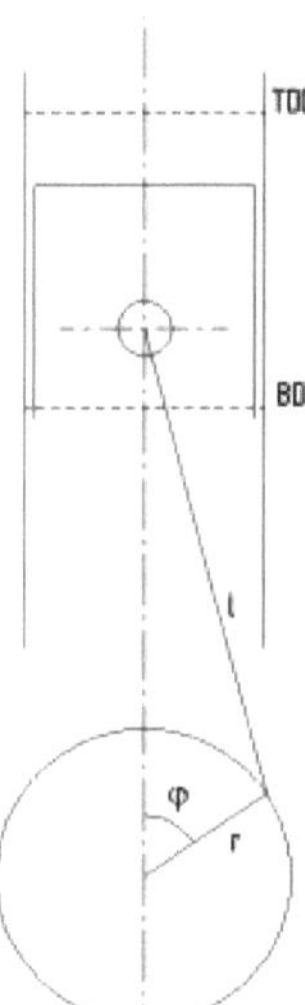

$$V_{max} = R\,\omega\,(1+\lambda / 2)$$

$$V_{avg} = S\,N/30 = 2\,\omega\,R / \Pi$$

$$\lambda = R / L_{rod}$$

$$S = 2R$$

Onde:

ω rad/s

N r.p.m

V m/s

R m

<u>Dados do aparelho</u>

R= 0,03 m

L_{haste} = 0,125 m

APÊNDICE (2)

Propriedades do óleo utilizado no estudo

Propriedades do óleo	**Óleo mineral (20W50)**	**Óleo sintético (5W50)**
Viscosidade cinemática $\frac{N.s}{m^2}$		
@ 40° C	**0.15**	**0.1**
@100° C	**0.016**	**0.014**
Índice de Viscosidade	***127***	***180***
Ponto de inflamação, °C	***234***	***231***
Densidade a 15,6 °C g/ml	***0.9***	***0.85***
Número total da base	***10.5***	***11.8***

Printed by Books on Demand GmbH, Norderstedt / Germany